Die Akte Neptun

Tom Standage ist Wissenschaftsredakteur des *Economist*. Er war zuvor Ressortleiter der Technologieredaktion beim Londoner *Daily Telegraph* und schrieb außerdem für *Wired, Guardian* und *Independent*. Er lebt mit Frau und Tochter in Greenwich, England.

Tom Standage

Die Akte Neptun

Die abenteuerliche Geschichte
der Entdeckung des 8. Planeten

Aus dem Englischen von Sonja Schuhmacher
und Thomas Wollermann

Campus Verlag
Frankfurt/New York

Die englische Originalausgabe *The Neptune File* erschien 2000
bei Walker & Company
Copyright © 2000 by Tom Standage

Die Deutsche Bibliothek – CIP-Einheitsaufnahme

Ein Titeldatensatz für diese Publikation ist bei
Der Deutschen Bibliothek erhältlich
ISBN 3-593-36676-2

Copyright der deutschen Ausgabe © 2001 Campus Verlag GmbH,
Frankfurt/Main
Umschlaggestaltung: RGB, Hamburg
Satz: Fotosatz L. Huhn, Maintal-Bischofsheim
Druck und Bindung: Druckhaus Beltz, Hemsbach
Gedruckt auf säurefreiem und chlorfrei gebleichtem Papier.
Printed in Germany

Besuchen Sie uns im Internet: www.campus.de

Inhaltsverzeichnis

Vorwort

Am 26. Juni 1841 betrat ein junger Engländer in Cambridge eine Universitätsbuchhandlung. Sein Name war John Couch Adams, er studierte Mathematik und besaß eine besondere Begabung für astronomische Gleichungen. Er hatte bereits sehr viel Erfahrung mit der Berechnung von Kometenbahnen, Sonnenfinsternissen und Planetenbewegungen. Beim Stöbern in den Regalen von Johnson's – so hieß die Buchhandlung, die ganz in der Nähe seines College lag – stieß er auf ein schmales, rotes Bändchen, das eine neun Jahre zuvor erschienene Abhandlung über die »Fortschritte in der Astronomie« zum Thema hatte. Interessiert begann Adams darin zu blättern.

Der Autor war George Biddell Airy, einer der führenden Astronomen Englands, und die Passage, die Adams Aufmerksamkeit fesselte, handelte vom Planeten Uranus. Während überall in der Astronomie Erfolge zu verzeichnen seien – die Beobachtungen wurden immer präziser, die Teleskope immer leistungsfähiger und die Voraussagen immer zuverlässiger –, wollte sich der Planet Uranus auf mysteriöse Weise nicht ins allgemeine Bild fügen. »Mit diesem Planeten gibt es besondere Probleme«, erklärte Airy.

Die Positionen von Merkur, Venus, Mars, Jupiter und Saturn, die schon seit dem Altertum bekannt waren, ließen sich mit höchster Präzision vorhersagen. Doch beim Uranus, der erst 65 Jahre zuvor als der am weitesten entfernte der damals bekannten Planeten ent-

deckt worden war, gelang das nicht. Jeder Versuch, seine Umlaufbahn zu bestimmen und daraus zuverlässig eine künftige Position
zu errechnen, war fehlgeschlagen. Stets geschah das Gleiche: Uranus hielt sich einige Jahre an die Voraussagen und begann dann,
langsam vom erwarteten Kurs abzudriften.

Zugegeben, die Abweichungen waren minimal, nur ein paar
Hundertstel Grad, was dem Durchmesser einer kleinen Münze aus
100 Meter Entfernung entspricht, und sie konnten überhaupt nur
mit besonderen Messinstrumenten festgestellt werden. Aber für
Astronomen, die es gewohnt waren, die Planetenpositionen mit der
Präzision eines Tausendstel Grads zu bestimmen, war der Uranus
dennoch ein Störelement.

Adams wusste, dass das Uranus-Problem in den neun Jahren, die
seit Erscheinen des Berichts vergangen waren, nicht gelöst worden
war. Den jungen Mathematiker ergriff plötzlich die Idee, das Geheimnis zu lüften. Ein paar Tage später machte er sich folgende
Notiz: »Habe Anfang der Woche den Entschluss gefasst, nach meinem Abschluss so bald wie möglich die Unregelmäßigkeiten in der
Bahn des Uranus zu untersuchen, für die es bis jetzt noch keine Erklärungen gibt.«

Adams hatte ein Vorgefühl, dass das ungewöhnliche Verhalten
des Uranus auf den schwachen Einfluss der Gravitation eines unsichtbaren, bislang unentdeckten Planeten zurückzuführen sein
könnte, dessen Bahn noch weiter außen verlief. Er wollte etwas
versuchen, was vor ihm noch niemand getan hatte: die Aufzeichnungen über die Positionen des Uranus analysieren und durch Vergleich der vorausberechneten Position mit der tatsächlichen die
Lage des unentdeckten Planeten rein mathematisch ermitteln. Anschließend, so seine Hoffnung, müsste es für die Astronomen ein
Leichtes sein, seine Ergebnisse zu überprüfen: Sie bräuchten nur
noch mit ihren Teleskopen die entsprechende Himmelsgegend abzusuchen und dort den neuen Planeten aufzuspüren.

Astronomen waren es gewohnt, Himmelskörper zuerst mit ihren Teleskopen zu entdecken, worauf die Mathematiker dann ihre

Bahnen berechneten. Der Gedanke, ein Planet könne statt durch Beobachtung auch durch reine Berechnung nachgewiesen werden, war außerordentlich kühn. Im Unterschied zu den meisten mathematischen Problemen, die sich mit esoterischen theoretischen Konstrukten beschäftigen, deren Lösung häufig nur für Mathematiker selbst von Interesse war, würde die Lösung dieses Rätsels zur Entdeckung neuer Welten führen.

Doch die Sache sollte sich nicht so glatt entwickeln, wie Adams es erwartete. Sein Schicksal war von nun an untrennbar mit dem von Airy verbunden. Und als der Planet, der heute als Neptun bekannt ist, schließlich entdeckt wurde, standen beide Männer im Zentrum einer der unerbittlichsten Kontroversen, welche die Geschichte der Astronomie je gekannt hat – ein internationaler Streit, der bis heute nachschwelt.

In der Viktorianischen Epoche erregte die Geschichte von Adams Suche nach einem Planeten, den noch niemand gesehen hatte, großes Aufsehen. Heute hat man sie außerhalb astronomischer Kreise so gut wie vergessen. Sie ist jedoch mehr als eine interessante historische Anekdote. Adams Berechnungen markierten den Anfang einer neuen Ära der Planetensuche – danach machten sich die Astronomen die Mathematik zunutze und orientieren sich eher am verräterischen Einfluss der Gravitation anderer Himmelskörper, als dass sie direkt mit Teleskopen nach neuen Objekten Ausschau hielten.

In jüngerer Zeit hat diese Methode zu einer Vielzahl von Entdeckungen geführt. Im Jahre 1995 fanden die Schweizer Astronomen Michel Mayor und Didier Queloz im Sternbild Pegasus einen Planeten, der einen sonnenähnlichen Stern umkreist, indem sie die geringfügigen Schwankungen analysierten, die der Gravitationseinfluss des Planeten auf das vom Stern ausgestrahlte Licht hat. Dies war der erste Planet, der außerhalb unseres Sonnensystems entdeckt wurde.

Seither haben Astronomen mit dieser Technik Dutzende »extrasolarer« Planeten gefunden, die um fremde Sonnen kreisen, und die

Suche nach neuen Planeten ist eines der spannendsten Gebiete der modernen Wissenschaft geworden. Dank der Arbeit von Mayor und Queloz, der amerikanischen Astronomen Geoffrey Marcy und Paul Butler sowie zahlreicher anderer Astronomen und Theoretiker verfügen wir nun nicht nur über Karten fremder Sonnensysteme, sondern auch über Theorien, mit deren Hilfe wir Voraussagen und Einschätzungen der Charakteristika dieser entlegenen Welten machen können. Nach immer ehrgeizigeren Plänen werden spezielle Geräte für die Planetenjagd gebaut. Aufgrund ihrer zunehmenden Empfindlichkeit können Jahr für Jahr mehr Planeten entdeckt werden. Auch wenn man bislang keinen einzigen direkt sehen konnte, steht heutzutage fest, dass außerhalb unseres Sonnensystems weitaus mehr Planeten existieren als in ihm.

Im Lichte dieser Entdeckungen kommt der Arbeit von Adams und seinen Zeitgenossen – George Airy, James Challis, François Arago und Urbain Jean-Joseph Le Verrier – eine besondere Bedeutung zu. Ihre Geschichte hat viele Forscher angeregt, es ihnen gleichzutun, und ihre Pionierarbeit schuf die Basis für die neuen Methoden und Technologien der Planetenjagd.

Dies hier ist die Geschichte von Adams' Versuch, einen neuen Planeten allein mithilfe der Mathematik zu entdecken, und zugleich die der Planetenjäger, die in seine Fußstapfen traten. Die Bahn des scheuen Planeten Neptun ist der Faden, der sich durch die gesamte Geschichte der Planetenjagd zieht – ein Abenteuer, das 60 Jahre vor Adams' Besuch in jener Buchhandlung begann und das auch heute, nach mehr als zwei Jahrhunderten, noch nicht zu Ende ist.

Danksagung

Unter meinen zahlreichen Helfern danke ich ganz besonders George Gibson und Jackie Johnson von Walker & Company sowie Katinka Matson von der Brockman AG, die das Projekt auf den Weg gebracht haben. Peter Hingley von der Royal Astronomical Society, Adam Perkins vom Archiv des Royal Greenwich Observatory in Cambridge, Françoise Launay vom Pariser Observatorium sowie Patrick Moore, Robert W. Smith und Christopher A. Robinson haben mir bei der Recherche unschätzbare Unterstützung geleistet. Brian Marsden vom Harvard-Smithsonian Center für Astrophysik, Michael Nieto und Didier Queloz stellten mir großzügig ihre Zeit und ihren fachlichen Rat zur Verfügung. Mein Dank gilt gleichfalls meinen Kollegen Geoffrey Carr und Andreas Kluth vom *Economist*, die meinen Enthusiasmus für die Planetenastronomie mit Nachsicht ertrugen und mir bei der Lektüre von deutschen Texten des 19. Jahrhunderts geholfen haben, die mir ansonsten unverständlich geblieben wären. Auch Chester sei für seine hilfreichen Kommentare gedankt. Weiter danke ich Stefan McGrath, Judi Kloos, Virginia Benz und Joe Anderer, Oliver Morton, Anna Aebi, Philip Millo, der Familie Marti (Christiana, Claudio und Franca sowie all den Katzen, Hunden und Kröten von Montegualandro), Kathy vom Farmhouse Inn, außerdem Oscar und Millie. Schließlich möchte ich auch meiner Frau Kirstin für ihre Geduld und ihre Unterstützung danken.

Kapitel 1
Der Sphärenmusiker

Da war mir wie dem Forscher, dem es glückte,
Einen Planeten erstmals zu erspähn.

John Keats
»Beim ersten Blick in Chapman's Homer« (1999, orig. 1816)

Am Dienstag, dem 13. März 1781, etwa zwischen zehn und elf
Uhr abends, beobachtete Friedrich Wilhelm Herschel in seinem
Garten im englischen Kurort Bath den Sternenhimmel mit einem
selbst gebauten Teleskop. Von Beruf eigentlich Musiker, war er mit
den Jahren mit immer größerer Begeisterung der Astronomie ver-
fallen, sodass er mehr Zeit mit seinen astronomischen Gerätschaf-
ten als mit seinen Musikinstrumenten verbrachte. Was er in dieser
Nacht durch sein Teleskop erblickte, sollte sein Leben vollkommen
verändern und ihm Weltruhm verschaffen. Denn Herschel gelang
es als erstem Menschen, einen bis dahin völlig unbekannten Planeten zu entdecken.

Über Jahrhunderte hinweg hatten die Astronomen die Bahnen
der fünf »klassischen« Planeten – Merkur, Venus, Mars, Jupiter und
Saturn – am Himmel verfolgt. Gleich hellen Sternen mit bloßem
Auge zu erkennen, sind sie der Menschheit beinahe von Anbeginn
der Zivilisation bekannt. Aber seit der Antike waren keine weiteren
Planeten mehr entdeckt worden, und niemand war auf den Gedanken gekommen, dass sich am Himmel noch mehr von diesen Objekten verstecken könnten.

Herschel verfügte über beste Voraussetzungen für eine solche
Entdeckung. Als Autodidakt in der Astronomie besaß er wenig
Neigung für das mühsame Geschäft, Sternpositionen zu bestim-

men oder Tafeln für die Mond- und Planetenbewegungen auszuarbeiten, womit sich professionelle Astronomen die meiste Zeit über beschäftigten. Ein Amateur wie er hatte die Freiheit, nach Lust und Laune über den Himmel zu schweifen und ins Auge zu fassen, was immer ihm gefiel. Doch Herschel war kein gewöhnlicher Amateur. Ohne dass er selbst es ahnte, war er durch den Eigenbau von Beobachtungsgeräten, die er nach der Versuch-und-Irrtum-Methode verbesserte, zum besten Teleskopmacher der Welt geworden.

Das Teleskop, durch das er in dieser kalten Märznacht schaute, war eines seiner Lieblingsgeräte: Der hölzerne Tubus war über zwei Meter lang, hatte einen Durchmesser von knapp 20 Zentimetern und war mit einem handgemachten Spiegel ausgerüstet, den Herschel in stundenlanger, mühseliger Arbeit geschliffen und poliert hatte. Das Fernrohr saß auf einem komplizierten Holzgestell und konnte über ein System aus Drähten, Hebeln und drei Handrädern in die richtige Position gebracht werden. Außerdem verfügte Herschel über einen Satz ebenfalls selbst hergestellter Okulare, die in Röhren aus Kokosholz steckten, dem Holz, das man auch für Oboen verwendet – eines der ersten Musikinstrumente, die er als Kind zu spielen gelernt hatte. Durch den Austausch der Okulare konnte Herschel die Vergrößerung seines Teleskops variieren.

Herschel richtete seinen Blick besonders gern auf den Saturn, der mit seinen imposanten Ringen selbst durch kleine, schwache Teleskope einen prächtigen Anblick bietet. Doch in jener Nacht hielt er nach Sternen Ausschau, nicht nach Planeten, wozu er eines seiner schwächeren Okulare verwendete, das lediglich eine Vergrößerung um das 227fache bewirkte.

Als er mit seinem Teleskop das Sternbild Zwilling absuchte, fiel Herschel etwas Ungewöhnliches auf. Er tauschte das Okular gegen ein stärkeres aus, um sich die Sache genauer anzusehen. Bei einer Vergrößerung um das 470fache sah er das geheimnisvolle Objekt jetzt doppelt so groß als zuvor; er wechselte noch einmal das Okular und hatte das Objekt jetzt mit 932facher Vergrößerung viermal so groß wie anfangs vor Augen. Da Sterne so weit weg sind, dass sie bloß als Lichtpunkte wahrnehmbar sind, gleichgültig wie stark die Vergrößerung ist, konnte es sich bei dem geheimnisvollen Objekt nicht um einen Stern handeln. Also hielt Herschel es in seinen astronomischen Notizen als »Nebelstern, möglicherweise ein Komet« fest.

Das Objekt sah aus wie ein etwas verschwommener Fleck. Das ließ, so wusste Herschel, auf einen Nebel (ein Sammelbegriff für alle Sternenwolken, Haufen und die Gebilde, von denen wir heute wissen, dass es entfernte Galaxien sind) oder einen Kometen schließen (der »Kopf« eines Kometen besteht aus einem Kern aus meteorähnlichen Teilchen, Eis und gefrorenem Gas und ist von einer leuchtenden, nebelartigen Hülle (Koma) umgeben; der Komet zieht auf einer Umlaufbahn um die Sonne durch unser Planetensystem und bildet einen Schweif aus Gas- und Staubschichten, wenn er sich der Sonne nähert). Man kann beide Phänomene voneinander unterscheiden, indem man feststellt, ob sie sich relativ zu den Fixsternen bewegen oder nicht. Nebel erscheinen wie Sterne bewegungslos; Kometen ändern wie Planeten von Nacht zu Nacht ihre Position. In der Hoffnung, einen Kometen entdeckt zu haben, notierte sich Herschel die Koordinaten, um ein paar Tage später wieder nach dem Objekt Ausschau zu halten und festzustellen, ob es immer noch am selben Ort war. Am Samstagabend, dem 17. März, schrieb er dann in sein Tagebuch: »Ich hielt nach dem Kometen oder Nebelstern Ausschau, und stellte fest, dass es ein Komet ist, denn er hat seine Position geändert.«

Einen Kometen entdeckt zu haben war etwas Besonderes. Herschel war sich bewusst, dass er so schnell wie möglich die Fachwelt informieren musste, um sich sein Vorrecht als Entdecker zu sichern. In jenen Tagen standen die Mitglieder der weltweit verstreuten Gemeinde der Wissenschaftler in ständiger Korrespondenz und hielten sich so über neue Entdeckungen, Theorien und Experimente auf dem Laufenden. Nicht selten verschickten und empfingen sie Dutzende von Briefen an einem einzigen Tag. Also sandte Herschel, der nur am Rande zu diesem inoffiziellen Informationsnetzwerk gehörte, umgehend einen Brief mit allen Einzelheiten über seinen Kometen an den angesehensten Astronomen, den er kannte: an Thomas Hornsby, den Direktor des Observatoriums von Oxford, mit dem er bereits in der Vergangenheit in Briefwechsel gestanden hatte. Über seinen Freund William Watson, der in Londoner Wissenschaftlerkreisen verkehrte, informierte Herschel auch Nevil Maskelyne vom Royal Greenwich Observatory. Maskelyne war Königlicher Astronom, der angesehenste Mann seines Fachs in England.

Maskelyne fand den Kometen beinahe sofort, Hornsby ein paar Tage später. Beiden fiel aber gleich auf, dass hier ein höchst ungewöhnlicher Fall vorlag. »Während der vergangenen drei Nächte habe ich Sterne in der Nähe der von Mr. Herschel bezeichneten Position beobachtet, wodurch es mir letzte Nacht gelang, bei einem von ihnen eine Bewegung wahrzunehmen«, schrieb Maskelyne am 4. April an Watson. Doch, so fügte er hinzu, sollte es sich bei diesem sich bewegenden Objekt tatsächlich um einen Kometen handeln, dann sei er »sehr verschieden von allen anderen Kometen, von denen ich jemals eine Beschreibung gelesen oder die ich selbst beobachtet habe. Es scheint sich um eine ganz neue Art von Komet zu handeln.« Maskelyne regte an, Herschel solle in einem Bericht an die Royal Society, die bedeutende britische Akademie der Wissenschaften, eine Beschreibung seines Teleskops und seiner Entdeckung liefern.

Das Ungewöhnliche an Herschels Komet war, dass er keinen Schweif besaß und nicht von der typischen, wolkenähnlich verschwommenen Koma umgeben war. Im Gegenteil, er zeichnete sich durch besonders scharfe Konturen aus. Dies ließ Maskelyne vermuten, dass es sich bei dem von Herschel gesichteten Himmelskörper in Wahrheit um einen bis dahin unbekannten Planeten handeln könnte.

Die Mehrzahl der Astronomen war sich da weniger sicher. Herschel beobachtete weiterhin das, was er für einen Kometen hielt, und schickte die Ergebnisse an Watson, der sie an die Royal Society in London weitergab, wo sie bei einer Sitzung am 26. April laut verlesen wurden. Da London mehrere Stunden von seinem Wohnort Bath entfernt war, nahm Herschel nicht persönlich teil. Sein Artikel mit dem bescheidenen Titel »Bericht über einen Kometen« wurde mit ebenso viel Erstaunen wie Skepsis aufgenommen. Denn obwohl Herschels Schilderungen der Entdeckung sehr plausibel klangen, waren die anwesenden Astronomen über die beiläufig angeführten Vergrößerungen seiner Okulare – 460fach beziehungsweise 932fach sowie 1536fach und 2010fach – doch sehr verwundert. Diese sagenhaft klingenden Behauptungen über die Stärke seiner selbst gebauten Teleskope führten dazu, dass man Herschel für einen Hochstapler hielt.

Doch Hochstapler hin oder her, die Existenz von Herschels Komet ließ sich nicht leugnen; jeder fähige Astronom konnte ihn auf seiner Bahn über den Himmel verfolgen. Die Kunde von diesem Kometen erreichte bald auch die Himmelsbeobachter auf dem europäischen Festland. Charles Messier, der in Frankreich eine vergleichbare Position wie Maskelyne in England innehatte – er war eine der herausragendsten Persönlichkeiten der Académie Française (der französischen Entsprechung der britischen Royal Society) –, schrieb an Herschel, sobald er von der Entdeckung erfuhr. Messier, selbst ein eifriger Kometenjäger, beeindruckte vor allem, dass Herschel ein derart kleines, schwach leuchtendes Objekt hatte aufspüren können.

Mit dem Sommer und den heller werdenden Nächten verlor sich Herschels Komet im Zwielicht. Erst im August konnte er wieder beobachtet werden. Als er erneut am dunkler werdenden Herbsthimmel auftauchte, hatten die Astronomen bereits begonnen, seine Umlaufbahn zu berechnen.

Zunächst einmal gründeten sie ihre Berechnungen auf die Annahme, er bewege sich auf der Bahn eines gewöhnlichen Kometen, deren Verlauf in der Regel dem entspricht, was die Mathematiker eine Parabel nennen. Eine Parabelbahn führt den Kometen in Sonnennähe, von wo er nach dem Umlauf wieder in die Tiefen des Sonnensystems geschleudert wird. Doch es gelang nicht, für Herschels Kometen eine Parabelbahn zu berechnen, die mit den nächtlich zu beobachtenden Änderungen seiner Position in Einklang zu bringen war. Selbst Umlaufbahnen, mit denen sich die Bewegung des Kometen für einige Tage voraussagen ließen, wurden dann rasch wieder ungenau. Noch seltsamer war, dass der Komet nicht größer oder heller zu werden schien, wie man das normalerweise erwarten konnte. Eigentlich, so bemerkte Messier, gleiche der Komet mit seiner kleinen, weißlichen Scheibe, die an den Jupiter erinnere, keinem der 18 anderen Kometen, die er zuvor schon beobachtet habe.

Anders Lexell, ein berühmter Mathematiker und Astronom aus St. Petersburg in Russland, versuchte es mit einer anderen Methode. Statt eine parabelförmige Umlaufbahn zu errechnen, wie sie für einen Kometen kennzeichnend war, wählte er die Bahnform eines Planeten. Im Jahr 1609 hatte der deutsche Astronom Johannes Kepler nachgewiesen, dass Planeten die Sonne auf beinahe kreisförmigen Ellipsen umrunden. Also führte Lexell eine Bahnberechnung aus, um zu überprüfen, ob sich Herschels Komet mit einer kreisförmigen Bahn in Übereinstimmung bringen ließ. Zu seiner Überraschung stellte er fest, dass dies tatsächlich der Fall war. Außerdem fand er heraus, dass die Bahn weit jenseits des Saturn, des am weitesten von der Sonne entfernten Planeten, verlief. Lexells Ergebnisse und ähnliche Berechnungen, die kurz darauf von anderen Astronomen angestellt wurden, führten dazu, dass man allmählich zu der Überzeugung kam, Herschel habe tatsächlich einen Planeten entdeckt – und zwar einen, der durch seine schwache Leuchtkraft, die sich aus seiner großen Entfernung zur Sonne ergab, bislang von niemandem bemerkt worden war.

Das war eine echte Sensation, die Sir Joseph Banks, den Präsidenten der Royal Society, dazu veranlasste, Herschel im November 1781 zu schreiben: »Einige unserer Astronomen neigen zu der Ansicht, dass es sich um einen Planeten und nicht um einen Kometen handelt. Wenn Sie auch dieser Meinung sind, so sollte er unverzüglich einen Namen erhalten.« Falls Herschel zu lange zögere, merkte

Banks an, »werden unsere flinken Nachbarn, die Franzosen, uns sicher die Mühe der Namenstaufe abnehmen.«

Im gleichen Brief teilte Banks auch mit, der Rat der Royal Society habe beschlossen, Herschel seine höchste Ehrung zuteil werden zu lassen, die jährlich verliehene Copley-Medaille. Herschel wurde nach London eingeladen, um die Auszeichnung entgegenzunehmen. Die Verleihung fand am 30. November statt. Sir Joseph hielt eine Rede, in der er Herschel für seine Entdeckung eines neuen Planeten pries, welche die Astronomen mit einem neuen, geheimnisvollen Himmelskörper bekannt gemacht habe, den sie nun beobachten, kartieren und erforschen könnten. Anschließend überreichte er Herschel unter großem Applaus die Medaille.

Zur Zeit seiner Entdeckung war Herschel zwischen der Musik und der Astronomie hin- und hergerissen. Seine Tagebucheintragungen enthalten in wildem Durcheinander Notizen über Konzerte, Musikstunden und Schüler, gleich daneben finden sich Aufzeichnungen über Spiegel, Gläser, Glaskitt oder Sternenkarten. Er arbeitete wie ein Besessener; jede freie Minute verbrachte er damit, Spiegel zu polieren, an seinen Fernrohren zu bauen und den Himmel zu beobachten. Kam er von einem Konzert oder einer gesellschaftlichen Zusammenkunft in Bath nach Hause, so ging er nicht selten direkt zu seinen Teleskopen. Seine Schwester Caroline schrieb in ihren Erinnerungen: »Jede freie Minute nutzte er sofort für eine angefangene Arbeit, ohne dass er sich die Mühe machte, sich umzuziehen, und manche Spitzenkrause wurde dabei zerrissen oder mit geschmolzenem Pech bespritzt.«

Besonders die Herstellung von Spiegeln war sehr aufwändig; sie mussten stundenlang poliert werden, um jede Unebenheit zu beseitigen. Einmal, so berichtet Caroline, »war ich gezwungen, ihn Bissen für Bissen zu füttern, damit er nicht zusammenbrach. Er arbeitete an der Fertigstellung eines über zwei Meter großen Spiegels. 16 Stunden hatte er ihn ununterbrochen poliert. Auch bei den

Mahlzeiten war er nie ohne Beschäftigung, stets dachte er nach oder fertigte Skizzen über irgendetwas an, was ihm gerade durch den Sinn ging. Wenn er mit Arbeiten beschäftigt war, bei denen er nicht nachdenken brauchte, dann musste ich ihm etwas vorlesen.«

Einer von Herschels Schülern, ein Schauspieler namens Bernard, erinnerte sich, wie eines Abends mitten in einer Musikstunde der Himmel aufklarte. »Endlich«, rief Herschel zur größten Überraschung seines Schülers aus, ließ seine Violine fallen und eilte erfreut zu seinem Teleskop, um einen bestimmten Stern zu beobachten. Die Räumlichkeiten, in denen Herschel seine Stunden gab, beschreibt Bernard so: »Seine Wohnung glich mehr der eines Astronomen als der eines Musikers, überall gab es Globen, Karten, Teleskope, Spiegel und so weiter, zwischen denen versteckt sein Klavier und sein Violincello wie in Ungnade gefallene und in die Ecke verbannte Lieblingsspielzeuge standen.«

Wie Herschel sich später erinnerte, wollten einige seiner Schüler »lieber Astronomie- als Musikstunden nehmen«. Nur allzu gern erfüllte der stets freundliche und gut gelaunte Mann ihnen diesen Wunsch.

Seine überraschende Entdeckung trug Herschel weltweiten Ruhm ein. Glückwunschschreiben bedeutender Astronomen aus ganz Europa trafen ein. Der französische Astronom Joseph-Jérôme Lalande schrieb aus Paris und berichtete, er und seine Kollegen von der Académie des sciences, darunter auch Messier, hätten eine eigene Berechnung der Bahn des Planeten angestellt und herausgefunden, dass er die Sonne in annähernd 80 Jahren umkreise. Da er an einem Buch über die Geschichte der Astronomie schrieb, bat Lalande Herschel, Auskunft zu seiner Person und zu seinen Teleskopen zu geben. Schließlich seien die Astronomen »an allem interessiert, was Sie betrifft«, meinte er zu Herschel.

Tatsächlich waren viele Astronomen begierig, mehr über die außerordentlich leistungsfähigen Teleskope zu erfahren, über die Herschel verfügte. »Meinen Glückwunsch ... Sie haben die Welt um eine Wahrheit bereichert, die Ihren Namen unter den Astronomen

Friedrich Wilhelm Herschel

für immer unsterblich machen wird«, schrieb der mährische Astronom Christian Mayer. Er schloss die Bitte an, ihm ein Teleskop zu bauen, und erkundigte sich nach dem Preis. Auch Johann Schröter, ein deutscher Astronom aus Lilienthal, fragte bei Herschel an, ob Teleskope wie das, mit dem er seine Entdeckung gemacht hatte, käuflich zu erwerben seien; er würde gern eines erstehen, ebenso sein Freund Johann Elert Bode aus Berlin. Ein weiterer Brief aus Göttingen, von Georg Christoph Lichtenberg, der sich unter anderem auch mit Astronomie beschäftigte, preist Herschel folgendermaßen: »Die Genauigkeit, mit welcher Sie observieren, war bisher in der Astronomie unerhört, und Sie können glauben, daß man in Deutschland stolz auf Ihren Namen ist. Mich hat vorzüglich der Mut gefreut, mit welchem Sie Dinge von neuem zu untersuchen anfangen, die man schon für ausgemacht gehalten hat ...«

Doch einige englische Astronomen waren immer noch skeptisch. War er wirklich ein Astronom und Teleskopbauer ersten Ranges oder nur ein Amateur, der Glück gehabt hatte? Im Dezember 1781 schrieb Watson aus London an Herschel und wies ihn darauf hin, wie übertrieben die Behauptungen klängen, die er über seine Teleskope mache. Herschel hatte bei der Royal Society eine Arbeit eingereicht, die sich mit Doppelsternen beschäftigte und in der er die Vergrößerung seines stärksten Okulars mit über 6 000fach angegeben hatte. Für einige der anwesenden Astronomen war das einfach zu viel. »Wie! rufen Ihre Widersacher,« erklärte Watson, »die Optiker bilden sich schon etwas darauf ein, wenn sie einem ein Teleskop verkaufen können, das 60- bis 100fach vergrößert, und da kommt jemand daher und behauptet, er hätte eines gebaut, das über 6 000fach vergrößert! Soll man das wirklich glauben?«

Schlimmer noch, Herschel behauptete außerdem, viele der Sterne, die von anderen Astronomen als Einzelsterne beobachtet worden waren, würden in seinem Teleskop als Doppelsterne erscheinen. Aber niemand war in der Lage, diese Behauptungen zu überprüfen. Lag es daran, dass die Teleskope der anderen Astronomen nicht leistungsfähig genug waren, oder wies das von Herschel verwendete optische Fehler auf? Vielleicht, so schlug Watson vor, solle Herschel seine Kollegen einladen, damit sie seine Teleskope begutachten und sich mit eigenen Augen ein Bild von deren Qualität machen könnten. Manche munkelten gar, es werde sich am Ende herausstellen, dass Herschels Planet doch nur ein Komet sei.

Doch alle Zweifel daran, dass Herschel tatsächlich einen Planeten entdeckt hatte, wurden im Frühjahr 1782 mit einem Schlag beseitigt. Eine ganze Reihe von Astronomen hatte inzwischen damit begonnen, exaktere Bahnberechnungen für Herschels Himmelskörper durchzuführen. Der entscheidende Durchbruch war Bodes Entdeckung, dass ein Stern, den der Astronom Tobias Mayer im Jahr 1756 beobachtet und in seinen Sternenatlas aufgenommen hatte, später anscheinend verschwunden war. Die neuen, präziseren

Bahnberechnungen erlaubten es nachzurechnen, wo Herschels Planet zu diesem Zeitpunkt gewesen war. Das Ergebnis war aufschlussreich: Mayers verschwundener Stern war genau an der Stelle eingezeichnet, wo zum fraglichen Zeitpunkt der neu entdeckte Planet gewesen sein musste. Mayer hatte also, ohne es zu bemerken, den Planeten im Visier gehabt und ihn für einen Stern gehalten. Damit war Herschels Entdeckung allen Zweifeln enthoben.

Nachdem nun die Bedeutung von Herschels Beobachtungen allgemein anerkannt war, arrangierte Sir Joseph Banks einen Empfang Herschels beim König. Es stand zu erwarten, dass George III. Herschel sehr freundlich aufnehmen würde, denn es war bekannt, dass er sich sehr für Astronomie interessierte; außerdem stammte sein Geschlecht aus Hannover, wo Herschel im gleichen Jahr wie der König zur Welt gekommen war. Das richtige Wort in das richtige Ohr, so wusste Banks, konnte Herschel eine finanzielle Unterstützung sichern, die ihm ermöglichen würde, die Musik aufzugeben und sich voll und ganz der Astronomie zu widmen und damit aus seinem unbestreitbaren astronomischen Talent das meiste herauszuholen.

Bald hörte Herschel von verschiedenen seiner Londoner Freunde, dass der König sehr daran interessiert sei, ihn zu sehen. Am 10. Mai 1782 erhielt er einen Brief von seinem Freund Colonel Walsh, der direkte Verbindungen zu George III. hatte; in diesem Brief wurde ihm mitgeteilt, dass der König nachgefragt habe, wann Herschel denn nach London komme. Herschel entschloss sich zu handeln. Er packte sein 2,10 Meter langes Lieblingsteleskop zusammen mit seinen Sternenatlanten und anderen Aufzeichnungen in eine Kutsche und machte sich auf den Weg nach London. Zwei Dinge wollte er erreichen: eine Audienz beim König erhalten und die Skeptiker von der Leistungsfähigkeit seiner Teleskope überzeugen.

Ende des Monats traf Herschel in Greenwich mit dem König zusammen und präsentierte ihm eine Skizze des Sonnensystems, dessen äußerste Grenze nun von der Bahn seines neuen Planeten gezogen wurde. Die beiden verstanden sich auf Anhieb, und der König wollte sich einige Wochen später erneut mit Herschel im Schloss von Richmond treffen. In der Zwischenzeit blieb Herschel in London und nahm an Veranstaltungen des Hofes in Greenwich teil. »Ich verbringe meine Zeit sehr angenehm zwischen Greenwich und London, komme aber überhaupt nicht zum Arbeiten«, schrieb er an Caroline. »Die Gesellschaft ist nicht immer die beste, manchmal wäre ich froh, ich könnte einen Spiegel polieren.«

Nachdem er die Gunst des Königs gewonnen hatte, wandte sich Herschel seinem anderen Anliegen zu. Er nahm sein Teleskop in die königliche Sternwarte von Greenwich mit, sodass es der Königliche Astronom in Augenschein nehmen konnte. Sollte er Maskelyne von der Qualität des Teleskops überzeugen können, so würden auch andere Astronomen ihre Bedenken fallen lassen, dessen war sich Herschel sicher.

Das Teleskop wurde zum Vergleich neben dem besten Fernrohr der königlichen Sternwarte aufgebaut. Als Maskelyne durch das Okular sah, musste er zu seinem Erstaunen feststellen, dass alles, was Herschel von seinem Beobachtungsgerät behauptet hatte, der Wahrheit entsprach, wie Herschel voller Begeisterung in einem Brief an Caroline schilderte. »Die vergangenen beiden Nächte habe ich mit Dr. Maskelyne die Sterne beobachtet«, schrieb er an seine Schwester. »Wir haben unsere Teleskope verglichen, wobei sich meines als viel leistungsfähiger erwies als alles, was die königliche Sternwarte zu bieten hat.« Als Maskelyne das ungewöhnliche Stativ sah, auf das Herschel sein Fernrohr montiert hatte, beschloss er, eine Kopie davon zu bestellen. Aber als er feststellte, dass das beste Teleskop der königlichen Sternwarte Herschels selbst gebautem hoffnungslos unterlegen war, überlegte er es sich anders. »Nun ist er«, schrieb Herschel, »so enttäuscht von seinem eigenen Gerät, dass er zu zweifeln anfängt, ob es überhaupt ein neues Stativ verdient.«

Herschel besuchte auch Alexander Aubert, einen Amateurastronomen, der mehrere besonders gute Teleskope besaß. Darunter war vor allem ein Fernrohr, das James Short gefertigt hatte, der allgemein als der beste Teleskopbauer des Landes galt. In einem weiteren Brief berichtete Herschel, Auberts Teleskope »würden keinesfalls leisten, was ich erwartete, und ich habe keinen Zweifel, dass meines besser ist als alle, die Mr. Aubert besitzt; und wenn das der Fall ist, dann kann ich nun sagen, dass ich absolut das beste Teleskop habe, das jemals gebaut wurde.«

Herschels Reise war ein einziger Triumph. Als reiner Autodidakt war er nicht nur ein herausragender Himmelsbeobachter geworden, sondern der beste Teleskopbauer seiner Zeit. Und nicht nur das, er hatte als erster Astronom einen Planeten entdeckt, der bedeutend größer als die Erde und die anderen Planeten war, abgesehen von Jupiter und Saturn. Jetzt brauchte sein Planet nur noch einen Namen.

An Vorschlägen dafür mangelte es nicht. Der Franzose Lalande meinte, man solle ihn nach seinem Entdecker benennen, wie das bei Botanikern und Zoologen üblich sei. Dagegen erhob sich der Einwand, der Name »Herschel« würde zu sehr aus dem Rahmen fallen, da alle anderen Planeten nach Göttern benannt seien. Welcher Name aus der Mythologie würde wohl am besten zu dem neu entdeckten Planeten passen?

Der deutsche Satiriker Lichtenberg schlug vor, ihn nach der Göttin der Gerechtigkeit »Astrea« zu nennen. Da es dieser offensichtlich misslungen sei, ihr Reich auf Erden zu errichten, sei sie wohl im Zorn bis ans äußerste Ende des Sonnensystems geflohen, bemerkte er. Der französische Gelehrte Louis Poinsinet de Sivry dagegen meinte, man solle den Planeten nach der Gemahlin des Saturn Kybele zu nennen. Wenn die Göttervätcr Jupitcr und Saturn ihren Platz am Himmel hätten, warum dann nicht auch ihre Mutter? Die Liste erweiterte sich immer mehr. Man brachtc Hypercronius ins Spiel (wörtlich »über Saturn«), dann Minerva (die römische Göttin der Weisheit), oder auch, unter Hinweis darauf, dass die Bahn des neuen Planeten die äußere Grenze des Sonnensystems markiere, Oceanus (nach dem mythologischen Fluss, der die Grenze der Erde bilden soll). Doch keiner dieser Vorschläge konnte sich durchsetzen.

Der Vorschlag »Neptun«, der von Erik Prosperin, dem Astronom des Königs von Schweden stammte, wurde als Einziger ernsthafter in Betracht gezogen. Mythologisch gesehen füge sich dieser Name gut zu den anderen, begründete Prosperin: Nach der römischen Mythologie sei Neptun, der Herrscher der Meere, auch der Bruder von Jupiter; ihrer beider Vater sei Saturn gewesen, der dann seine Himmelsbahn um die Sonne zwischen seinen beiden Söhnen ziehen würde. Im Gefolge von Prosperin und als einer der Ersten, denen klar geworden war, dass es sich bei Herschels Entdeckung tatsächlich um einen Planeten und nicht um einen Kometen handelte, fühlte sich Anders Lexell zu einem eigenen Vorschlag ermutigt: »Neptun Georges III.« oder »Neptun von Großbritannien«. Dies war als Tribut an die Größe der britischen Seemacht gedacht und zum Andenken an den Sieg, den Admiral Rodney 1782 bei Dominica über die französische Flotte erstritten hatte. Doch andere Astronomen fanden diesen Vorschlag befremdlich; entdeckt worden war der Himmelskörper schließlich von einem Hannoveraner, und es waren kontinentale, nicht britische Mathematiker gewesen, die den Nachweis geführt hatten, dass es sich tatsächlich um einen Planeten handelte. Jedenfalls hatte Sir Joseph Banks Recht behalten: Da Herschel es versäumt hatte, einen eigenen Namen für seinen neu entdeckten Planeten ins Gespräch zu bringen, war die Jagdsaison nun eröffnet.

Am 2. Juli 1782 besuchte Herschel die königliche Familie in Windsor, und am folgenden Tag schrieb er an Caroline: »Gestern Abend haben der König, die Königin, der Prince of Wales, die Princess Royal, Prinzessin Sophia, Prinzessin Augusta und so weiter mein Teleskop angeschaut, es war ein sehr gelungener Abend. Mein

Instrument wurde sehr beifällig aufgenommen; der König hat ausgezeichnete Augen und liebt Beobachtungen mit dem Teleskop über alles.« Banks und seine Freunde bemühten sich im Stillen, den König zu einer offiziellen Anerkennung von Herschels Verdiensten zu bewegen, und einige Zeit später hatten sie Erfolg: Herschel wurde zum Privatastronomen des Königs ernannt und erhielt eine jährliche Pension von 200 Pfund, die es ihm ermöglichte, seine Tätigkeit als Musiklehrer aufzugeben und sich voll und ganz der Astronomie zuzuwenden. Seine neue Stellung brachte keine Verpflichtungen mit sich, außer dass er gelegentlich nach Windsor kommen und gemeinsam mit dem König Beobachtungen durchführen sollte. 200 Pfund waren weniger, als Herschel bisher als Musiker verdient hatte, doch konnte er davon gut leben. (Selbst der Königliche Astronom verdiente damals nur 300 Pfund.) Der König bezahlte Herschel auch für die Anfertigung mehrerer Teleskope, die er dann verschenkte. Die Familie Herschel siedelte schließlich von Bath nach Slough über, um die Fahrten zum König nach Windsor zu verkürzen.

Die Geste des Königs wurde allgemein begrüßt, und Herschels Freunde und Förderer waren hocherfreut über den Erfolg. Lalande lobte trotz aller Feindseligkeit zwischen Engländern und Franzosen den britischen Monarchen, der sein Geld lieber für Fernrohre als für die Kriegführung ausgab. (Das war nicht ganz falsch; dennoch hatte Admiral Rodney das Zehnfache der Pension von Herschel für seinen Sieg über die französische Flotte erhalten.) Natürlich war Herschels Haltung in der Frage der Benennung des Planeten auch von der Großzügigkeit des Königs beeinflusst. Er schrieb einen offiziellen Brief an Banks, in dem er vorschlug, den Planeten mit dem lateinischen Namen »Georgium Sidus« zu benennen, was, etwas verwirrend, so viel wie »Georgsstern« bedeutet.

Dies sei, erklärte Herschel, aus einer ganzen Reihe von Gründen ein sehr geeigneter Name. Zuallererst war er der Ansicht, dass mythologische Namen, wie sie die Vorväter gern benutzt hätten, im Zeitalter der Wissenschaft nicht mehr angebracht seien. »Der erste

Gedanke bei jedem besonderen Ereignis oder denkwürdigen Vor-
fall gilt dem Zeitpunkt; wenn man sich also irgendwann in der Zukunft fragt, wann dieser Planet entdeckt worden sei, so wäre es eine
sehr befriedigende Antwort, wenn man sagen könnte: ›in der Re-
gierungszeit von König George III.‹ Mir als Wissenschaftler
scheint der Name Georgium Sidus eine Benennung zu sein, die in
geziemender Weise Mitteilung über das Datum und das Land
macht, in dem er zuerst gesichtet worden ist.«

In der Huldigung seines Wohltäters ließ sich Herschel zu großen
Worten hinreißen. »Als Untertan des besten aller Könige, des groß-
zügigen Förderers der Künste und Wissenschaften, als Abkömm-
ling des Landes, aus dem diese glorreiche Familie auf den britischen
Thron gerufen wurde, und als ein Mensch, der nun unmittelbarer
unter dem Schutz dieses herausragenden Monarchen steht und alles
seiner unbegrenzten Güte verdankt, kann ich nicht umhin, ihm bei
dieser Gelegenheit meinen tiefsten Dank dadurch zu bezeugen,
dass ich einem Stern den Namen Georgium Sidus gebe, der (für
uns) zum ersten Mal unter seiner glückverheißenden Herrschaft zu
leuchten begann.«

Über die Bezeugung der Dankbarkeit für die Großzügigkeit des
Königs hinaus hatte die Namenswidmung auch einen politischen
Hintergrund, wie kurz darauf der Wissenschaftler und Dozent
Matthew Turner bemerkte. Im Oktober 1781, gerade als Lexells
Berechnungen bestätigten, dass es sich bei Herschels Entdeckung
tatsächlich um einen Planeten handelte, kapitulierten die britischen
Streitkräfte bei Yorktown in Amerika. »Zwar haben wir die *terra
firma* der 13 Kolonien in Amerika verloren«, bemerkte Turner,
»doch können wir uns damit trösten, dass Mr. Herschel für uns
eine weitaus größere *terra incognita in nubibus* erobert hat.«

Herschels Vorschlag war politisch gesehen sicherlich klug,
wurde jedoch von den Astronomen auf dem Kontinent nicht gut
aufgenommen. Lexell wandte ein, der Name »Georgium Sidus« sei
nicht nur umständlich, sondern auch irreführend, da Herschel einen Planeten und nicht einen Stern entdeckt habe; Lalande beharrte

darauf, man solle den Himmelskörper nach seinem Entdecker benennen. Hätte Herschel einen praktikableren Namen vorgeschlagen, seine Kollegen hätten sich ihm bestimmt angeschlossen. So war es Bode, der Astronom der Berliner Akademie der Wissenschaften, der den entscheidenden Vorschlag machte.

»Ich habe die Ehre, Ihnen zu Ihrer glücklichen Entdeckung eines neuen Planeten zu gratulieren«, schrieb Bode an Herschel. Er sei sehr stolz darauf, fuhr er fort, in Deutschland als Erster am 1. August 1781 den Planeten beobachtet zu haben. »Seither habe ich ihn bei jeder Gelegenheit beobachtet und meine Aufzeichnungen darüber im Astronomischen Jahrbuch veröffentlicht.« Es handelte sich dabei um astronomische Tafeln, die Bode jedes Jahr herausbrachte, was bedeutete, dass er es in der Hand hatte, unter welchem Namen der neue Planet in Deutschland bekannt werden sollte. Und glücklicherweise hatte Bode bei der Namensgebung eine vernünftige Entscheidung getroffen. »Ich habe«, schrieb er, »für den neuen Planeten den Namen Uranus vorgeschlagen.«

Bodes Namensgebung überzeugte mehr als alle anderen. Uranus war der Vater von Saturn und der Großvater von Jupiter, zusätzlich hatte der Name astronomische Bezüge, denn Urania, eine der neun griechischen Musen, war die Schutzgöttin der Astronomie. Bode hielt es für sinnvoll, bei einer mythologischen Namensgebung zu bleiben. Doch in seinem Brief an Herschel meinte er auch: »Wäre ich an Ihrer Stelle gewesen, dann hätte ich mit Sicherheit genauso gehandelt.« Der Abbé Maximilian Hell, der Leiter der Wiener Sternwarte, schrieb ein lateinisches Gedicht, das Bodes Vorschlag unterstützte, und verwendete den Namen dann in den von seinem Observatorium veröffentlichten Planetentafeln, sodass sich der Name »Uranus« auch in Österreich rasch durchsetzte.

Und so hatte Herschels neu entdeckter Planet am Ende sogar drei Namen: In England wurde er als »Georgian Planet« oder einfach als der »Georgian« bezeichnet; in Frankreich nannte man ihn »Herschel«; und in Deutschland, Österreich und anderswo gab man ihm den Namen »Uranus«, unter dem er auch heute noch weltweit bekannt ist.

Doch wie immer man ihn auch nannte, der neue Planet war eine echte astronomische Sensation. In seiner Rede anlässlich der Verleihung der Copley-Medaille hatte Sir Joseph Banks auch darüber spekuliert, welche weiteren Entdeckungen sich noch aus Herschels Fund ergeben würden. »Wer kann sagen, welche neuen Ringe, neuen Monde, wie viele namenlose Objekte noch darauf warten, durch unseren Fleiß entdeckt zu werden?« Dies waren weitsichtige Worte.

Kapitel 2

Etwas weitaus Besseres
als ein Komet

Mathematiker sind wie Liebhaber. Mache einem Mathematiker das kleinste Zugeständnis, und er wird daraus Schlussfolgerungen ziehen, die du ihm am Ende ebenfalls zugestehen musst, und von da immer so weiter.

Bernard Le Bovier de Fontenelle,
französischer Philosoph und Schriftsteller

Ein Planet ist per Definition ein widerspenstiges Objekt. Im Unterschied zu Sternen, die in festen Konstellationen am Himmel stehen, sind Planeten ständig in Bewegung. Die Planeten Merkur, Venus, Mars, Jupiter und Saturn sehen zwar aus der Ferne wie besonders helle Sterne aus, doch schon die Astronomen der Antike erkannten, dass sie, über mehrere Nächte verfolgt, höchst komplizierte Bahnen ziehen.

Dabei bewegen sich die Planeten in West-Ost-Richtung über den Himmel, wobei sie sich stets innerhalb der Zone der Tierkreis-Sternbilder aufhalten, des Zodiakus. Ihr Tempo ist keineswegs gleichmäßig, sondern mal schneller und mal langsamer. Manchmal bleiben die Planeten über Tage vor dem Sternenhintergrund stehen oder laufen in umgekehrter Richtung. Gelegentlich bewegen sie sich auch in komplizierten, lang gezogenen Schleifen im Zodiakus auf und ab. Die Griechen bezeichneten diese fünf launenhaften und unberechenbaren Himmelskörper deshalb als *planetes*, was »Wanderer« bedeutet.

Wilhelm Herschels Entdeckung eines neuen Planeten versetzte die Gemeinde der Astronomen in helle Aufregung. An sich schon eine Sensation, ließ sie auf weitere hoffen. Es stellte sich natürlich nun die Frage, ob es nicht noch weitere Planeten gebe, die in den Weiten des Himmels auf ihren Entdecker warteten. Und Herschels Beispiel hatte gezeigt, dass der Finder mit weltweiter Anerkennung rechnen konnte.

Warum war der Uranus nicht schon früher entdeckt worden? Tatsächlich ist er mit bloßem Auge sichtbar, vorausgesetzt man weiß, wo er zu suchen ist. Doch aufgrund der großen Entfernung ist seine Bewegung vor dem Hintergrund der Sterne kaum zu erkennen, sodass er den Himmelsbeobachtern über Jahrtausende entgangen war. Selbst die Erfindung des Fernrohrs hatte den schwer wahrnehmbaren, abgelegenen Planeten nicht ins Blickfeld der Astronomen gerückt – denn selbst durch die leistungsstärksten Teleskope sieht er aus wie ein schwach leuchtender Stern. Genau das dachte auch Tobias Mayer, als er den Himmelskörper im Jahr 1756 beobachtete. Man konnte also vermuten, dass vielleicht noch andere, bislang unentdeckte Planeten von Astronomen fälschlicherweise für Sterne gehalten worden waren.

Der russische Astronom Anders Lexell vermutete weitere Planeten, die vielleicht in noch größerer Entfernung von der Sonne ihre Bahnen zogen. Und der mährische Astronom Christian Mayer vertraute Herschel an, er sei sich sicher, dass es auch unter den bisher für Fixsterne gehaltenen Objekten noch eine ganze Reihe von Wandelsternen geben müsse. Alle warteten gespannt darauf, wo der nächste Planet gefunden werden würde, und nicht wenige glaubten, der Uranus selbst werde ihnen den Weg weisen. Einer von ihnen war Baron Franz Xaver von Zach, der Herschel im Jahr 1784 besuchte, um dem großen Astronomen bei der Arbeit über die Schulter zu schauen.

Herschel war mehr an Sternen als an der Suche nach neuen Planeten interessiert. Auch den Uranus hatte er im Grunde nur entdeckt, weil er den Himmel nach Doppelsternen abgesucht hatte. Durch wiederholte Beobachtung wollte er die Entfernung von Doppelsternen zur Erde messen, wobei er sich eine geometrische Methode zunutze machte, die im 17. Jahrhundert der italienische Astronom Galileo Galilei erfunden hatte. Außerdem war er auch an den unscharfen Flecken interessiert, die man als *nebulae* bezeichnet; mithilfe eines hinreichend starken Teleskops hoffte er nachweisen zu können, dass es sich um Haufen von Einzelsternen handelte. Um die Erkenntnisse der Astronomen über die Struktur des Universums zu erweitern, fasste Herschel 1785 den Plan, im Garten seines Hauses das größte Teleskop der Welt zu bauen. Die gewaltige Apparatur sollte eine Länge von 12 Metern bei einem Durchmesser von 1,2 Metern haben und damit eine Lichtstärke, die alles bisher Dagewesene übertraf. Das, so dachte er, würde ihm ermöglichen, schwach leuchtende Himmelsobjekte zu sehen, die vor ihm noch niemand wahrgenommen hatte.

Der König fand Gefallen an dem Plan und unterstützte das Vorhaben zunächst mit 2 000 Pfund. Später stiftete er noch einmal die gleiche Summe und bewilligte für die Unterhaltung des Teleskops eine jährliche Beihilfe von 200 Pfund. Außerdem erhielt Caroline Herschel als Assistentin ihres Bruders eine jährliche Pension von 50 Pfund. Caroline Herschel war im Begriff, sich in der Welt der Astronomen einen eigenen Namen zu machen. Im August 1786 hatte sie ihre erste wichtige Entdeckung gemacht, einen Kometen, und bald wurde sie als erfolgreiche »Kometenjägerin« bekannt.

Das riesige Teleskop nahm in Herschels Werkstatt rasch Gestalt an. Der Spiegel hatte einen Durchmesser von 1,2 Metern und wog beinahe eine Tonne. Geschliffen wurde er in zwei Arbeitsschichten von je zwölf Mann, die in nummerierten Uniformen auf »einer Art Altar« arbeiteten, wie Augenzeugen berichteten. Diese Arbeiten wurden rund um die Uhr von Herschel persönlich überwacht. Außer dem gewaltigen Spiegel erforderte das Teleskop auch ein riesiges Rohr. Einmal besuchten der König und die Königin in Begleitung des Erzbischofs von Canterbury die Baustelle, um zu sehen,

Caroline Herschel

wie die Arbeiten vorankamen, und Herschel lud seine Besucher
ein, durch das Rohr zu schreiten, das am Boden lag. Der Erzbi-
schof zögerte, worauf der König die Hand ausstreckte und meinte:
»Kommen Sie, Bischof, ich zeige Ihnen, wie man in den Himmel
kommt.«

Am 28. August 1789 war das Teleskop schließlich fertig. In der
ersten Nacht richtete es Herschel auf seinen Lieblingsplaneten, den
Saturn, und entdeckte einen bis dahin unbekannten sechsten
Mond.

Das Rekordteleskop wurde eine Touristenattraktion und sogar
als das »achte Weltwunder« gepriesen. In Wirklichkeit erfüllte es
aber die hoch gesteckten Erwartungen nicht; aufgrund seiner
Größe war es schwer zu handhaben, und Herschel fand es weniger brauchbar als erwartet. Später meinte er, 7,5 Meter seien wohl

Wilhelm Herschels 12-Meter-Teleskop

die ideale Länge für ein leistungsfähiges Teleskop, da der große Spiegel in dem 12 Meter langen Rohr dazu neige, zu beschlagen oder in kalten Nächten sogar zu vereisen. Der Bau von Teleskopen war zu einer wichtigen Einnahmequelle für Herschel geworden; beispielsweise baute er für den König von Spanien ein 7,5 Meter langes Teleskop, für das er 3150 Pfund erhielt. Zwei kleinere Teleskope gingen seinen Aufzeichnungen zufolge an den Prinzen von Canino, der dafür 2310 Pfund bezahlte – zu damaliger Zeit ein Vermögen.

Herschel empfing nicht nur den König und wichtige Mitglieder

der britischen Gesellschaft, sondern auch die größten Astronomen jener Tage. Einer seiner Gäste berichtete:»Besucher missbrauchen oft seine Höflichkeit und sein Entgegenkommen und vergeuden seine Zeit, indem sie unnötige und oft lächerliche Fragen stellen, doch seine Geduld ist unerschöpflich, und er nimmt diese Unannehmlichkeiten so gelassen auf sich, dass niemand spürt, wie viel sie ihn kosten.«

Trotz des unablässigen Besucherstroms hielt Herschel sein anstrengendes Beobachtungsprogramm durch und machte auch neue Entdeckungen. Im Januar 1787 zum Beispiel sichtete er zwei Uranusmonde. Er selbst gab ihnen keinen Namen, sie werden heute als Oberon und Titania bezeichnet.

Im Jahr 1788 heiratete Herschel Mary Pitt, die Witwe seines Freundes und Nachbarn John Pitt, eines reichen Londoner Kaufmanns. Wilhelm wollte ursprünglich in Marys Haus einziehen, während Caroline in Slough bleiben sollte. Doch Mary wusste nur zu gut, dass Wilhelm es fern von seinen Teleskopen und seiner Werkstatt nicht aushalten würde, und so bestand sie darauf, bei ihm zu leben. 1792 wurde John geboren, ihr einziges Kind.

Als Baron von Zach Herschel besuchte, war er sehr beeindruckt, wie gut Wilhelm und Caroline bei ihren Beobachtungen zusammenarbeiteten. Während Wilhelm im Freien an seinem Teleskop stand, saß Caroline im Haus an einem Tisch vor dem offenen Fenster. Vor sich hatte sie eine Lampe, eine Uhr und John Flamsteeds Himmelsatlas. Ihr Bruder rief ihr die Beobachtungsdaten zu, und sie notierte sie. Von Zach erwähnte auch Herschels robuste Konstitution und die ungewöhnliche Methode, mit der er sich in nasskalten Nächten gegen eine Erkältung schützte: »Wenn es gegen Morgen feucht wurde, rieb er sich Gesicht und Hände mit einer rohen Zwiebel ein, um sich so vor Fieber zu schützen.«

Der Baron erhoffte sich nicht ganz uneigennützig Beobachtungstipps vom großen Herschel. Von Zach war von der Idee besessen, selbst einen neuen Planeten zu entdecken, und er glaubte auch schon zu wissen, wo er suchen musste. Diese Gewissheit leitete er aus einer alten mathematischen Faustregel ab, die seit der Entdeckung des Uranus auf dramatische Weise neue Bedeutung erlangt hatte.

Wie viele andere Astronomen auch war von Zach davon überzeugt, dass die Verteilung der Planetenbahnen im Weltraum einer Formel folge. Diese Vorstellung ging auf das Jahr 1723 zurück, als Christian Freiherr von Wolf, ein deutscher Philosoph, folgende Berechnung anstellte: Wenn man den durchschnittlichen Radius der Erdumlaufbahn um die Sonne mit zehn Einheiten ansetzt, dann ergibt das für Merkur vier Einheiten, für Venus sieben, für Mars 15, für Jupiter 52 und für Saturn 95. (Jede Einheit entspricht ungefähr 14,96 Millionen Kilometern. Man benutzt den durchschnittlichen Abstand, weil die Planetenbahnen elliptisch sind, sodass ihr Sonnenabstand leichten Schwankungen unterworfen ist. Tatsächlich variiert beispielsweise der Abstand der Erde von der Sonne zwischen 9,8 und 10,2 Einheiten.)

Im Jahr 1766 gab der preußische Wissenschaftler Johann Daniel Titius aus Wittenberg in der Fußnote eines von ihm übersetzten Buchs einen Erklärungsversuch für diese Planetenabstände. Titius war aufgefallen, dass sie einer einfachen mathematischen Regel folgten: Beginnend mit den vier Einheiten des Bahnradius des Merkur, musste man drei hinzufügen, um den Radius der Venus zu erhalten, für den der Erde doppelt so viel (2 x 3), viermal so viel für den des Mars (4 x 3) und so weiter, wobei man die Zahl jedes Mal verdoppelte (siehe folgende Tabelle).

Allerdings ging die Rechnung nicht ganz auf: Laut der Regel von Titius müsste der auf den Mars folgende Planet sich auf einer Umlaufbahn mit einem Radius von 28 Einheiten bewegen. Doch der Radius des Jupiter beträgt insgesamt 52 Einheiten, die eigentlich erst für den übernächsten Planeten zu erwarten wären. In der Entfernung von 28 Einheiten, also zwischen Mars und Jupiter, klafft eine Lücke.

Planet	Radius der Umlaufbahn	Vorhergesagter Radius
Merkur	4	$4 + 0 = 4$
Venus	7	$4 + (1 \times 3) = 7$
Erde	10	$4 + (2 \times 3) = 10$
Mars	15	$4 + (4 \times 3) = 16$
?		$4 + (8 \times 3) = 28$
Jupiter	52	$4 + (16 \times 3) = 52$
Saturn	95	$4 + (32 \times 3) = 100$

Titius war nicht der erste, der darauf spekulierte, diese Lücke sei ein Hinweis auf einen bislang unentdeckten Himmelskörper. Bereits im Jahr 1761 hatte Johann Heinrich Lambert, ein deutschsprachiger Schweizer Philosoph, die Frage aufgeworfen, ob in den Weiten zwischen Mars und Jupiter nicht noch mehr Planeten auf ihre Entdeckung warteten. Doch die Theorie von Titius ging weiter, denn seine Formel sagte voraus, der vermutete Himmelskörper würde die Sonne im Abstand von 28 Einheiten umkreisen, wo allerdings weder ein Haupt- noch ein Nebenplanet zu sehen sei.

Titius glaubte fest daran, ein dem Sonnensystem zugrunde liegendes Prinzip entdeckt zu haben. Aber er ging nicht so weit, zwischen dem Mars und dem Jupiter einen unentdeckten Planeten zu postulieren. Schließlich war damals, 15 Jahre vor Herschels Entdeckung des Uranus, in der gesamten Geschichte der modernen Astronomie noch niemals ein völlig neuer Planet gesichtet worden. Trotzdem vermutete Titius, dass es dort etwas geben müsse, was er »Nachbarplanet« nannte, vielleicht einen Mond, der den Mars oder den Jupiter umkreiste, obwohl es eigentlich kaum vorstellbar war, dass ein Mond so weit draußen in der Lücke zwischen beiden Planeten seine Bahn zog.

Der deutsche Astronom Bode stieß 1772 bei der Arbeit an einem eigenen Buch auf die Berechnung von Titius. Er schrieb den Text von Titius beinahe Wort für Wort ab, ohne allerdings den Autor zu erwähnen, sodass die Theorie bald als das »Bodesche Gesetz« bekannt wurde. Seine einzige Veränderung bestand darin, dass er Titius' Spekulation über einen Mond wegließ und einfach von einem »Planeten« sprach. In einer späteren Auflage seines Buchs erwähnte er allerdings Titius und berechnete außerdem, dass für den fehlenden Planeten eine Sonnenumlaufzeit von 4,5 Jahren zu erwarten sei.

Das Bodesche Gesetz wurde jedoch bis zur Entdeckung des Uranus allenfalls als mathematisches Kuriosum angesehen. Ihm zufolge sollte der nächste Planet jenseits des Saturn einen mittleren Bahnradius von 196 Einheiten haben. Und siehe da, der Durchschnittsradius der Uranusbahn betrug 192 Einheiten – das war ziemlich gut getroffen, wenn man bedachte, wie schwierig es war, den exakten Wert zu ermitteln. Mit einem Mal sah es so aus, als würde das Bodesche Gesetz nicht bloß eine zufällige Übereinstimmung erfassen. Und wenn das der Fall war, dann harrte vielleicht wirklich zwischen dem Mars und dem Jupiter noch ein weiterer Planet auf seine Entdeckung.

Doch das Bodesche Gesetz beantwortete nicht die Frage, wo am Himmel man nach diesem unbekannten Objekt suchen sollte. Alle anderen bekannten Planeten, einschließlich des Uranus, zogen ihre Bahnen im Bereich der Tierkreis-Sternbilder, sodass es vernünftig schien, hier mit der Suche zu beginnen. Außerdem stand zu erwarten, dass ein Himmelskörper zwischen dem Mars und dem Jupiter aufgrund seiner relativen Nähe zur Erde mit einem Teleskop leicht wahrzunehmen sei. Im Jahr 1787, nachdem er Astronom am Hofe von Ernst II. von Sachsen-Coburg-Gotha geworden war, begann von Zach mit einer systematischen Suche entlang des Zodiakus. Er hielt dabei nach Sternen Ausschau, die über Nacht ihre Position veränderten. 13 lange Jahre suchte er – ohne Erfolg.

Im Herbst des Jahres 1800 beschloss von Zach, die Sache noch methodischer anzugehen. Bei einem Treffen mit fünf Astronomen in Lilienthal bei Hannover wurde mit der Vereinigten Astronomischen Gesellschaft eine Art »Verein der Planetenjäger« gegründet. Zur selben Zeit rief von Zach eine monatlich erscheinende astrono-

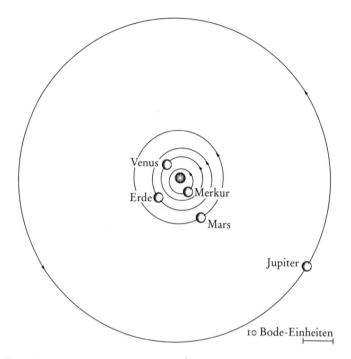

Die Umlaufbahnen von Merkur, Venus, Mars, Erde und Jupiter. Die
Umlaufbahnen der nächsten Planeten, Saturn und Uranus, sind zu groß,
um in diesem Maßstab dargestellt zu werden. Die Größe der Planeten ist
nicht maßstabsgerecht wiedergegeben. Man beachte die große Lücke
zwischen dem Mars und dem Jupiter.

mische Zeitschrift ins Leben, die dem Austausch von Forschungs-
ergebnissen diente. In seinem Bericht über die Gründung der Gesellschaft nannte von Zach diese scherzhaft »Himmels-Polizey«.

Die Grundidee bestand darin, dass 24 Astronomen aus ganz Europa nach dem fehlenden Planeten zwischen dem Mars und dem
Jupiter suchen sollten, indem sie den Zodiakus in 24 Zonen aufteil-
ten. Jeder sollte seine eigene Beobachtungszone zugeteilt bekommen und dort wie ein Polizist in seinem Revier »auf Streife gehen«.
Damit erhöhte sich die Aussicht, den flüchtigen Planeten schließlich zu finden, ganz erheblich, sofern er denn überhaupt existierte.

Jeder Astronom konnte die Positionen der Sterne in seiner Zone genauestens studieren, was es bedeutend wahrscheinlicher machte, einen neu auftauchenden unbekannten Planeten tatsächlich wahrzunehmen. Doch die Sache entwickelte sich anders, als von Zach es sich gedacht hatte. Gerade als er an die 24 ausgewählten Astronomen Briefe verschicken wollte, um sie von seinem Plan in Kenntnis zu setzen, machte einer von ihnen – Giuseppe Piazzi – eine unerwartete Entdeckung.

Piazzi, der in Palermo auf Sizilien beheimatet war, arbeitete schon seit mehreren Jahren an einem Katalog, der die genauen Positionen von über 6000 Sternen angeben sollte. (Wie von Zach hatte auch Piazzi Herschel in England besucht, allerdings stand seine Reise unter keinem guten Stern: Er fiel von einer Leiter, als er durch eines der Riesenteleskope von Herschel schaute, und brach sich einen Arm.) Für die Datensammlung zu seinem Katalog teilte er die Sterne in Gruppen zu je 50 ein und beobachtete sie in vier aufeinander folgenden Nächten, um absolut sicherzugehen, dass er ihre Positionen genau festgestellt hatte. So konnte ihm keine Ortsveränderung eines Sterns von einer Nacht zur nächsten verborgen bleiben.

Am 1. Januar 1801 hielt Piazzi in einer seiner Fünfziger-Gruppen auch die Position eines schwach leuchtenden Himmelskörpers im Sternbild Stier fest. Doch als er in der nächsten Nacht dessen Position überprüfen wollte, schien er sich bewegt zu haben. Die Möglichkeit eines Irrtums wurde in der folgenden Nacht ausgeschlossen, als das Objekt erneut ein Stück weitergezogen war. Piazzi durfte annehmen, einen neuen Planeten entdeckt zu haben.

Wie Herschel vor ihm, sprach aber auch Piazzi nicht gleich von einem »Planeten«. Am 24. Januar schrieb er an Bode, Lalande und an seinen Freund Barnaba Oriani, einen italienischen Astronomen, und berichtete ihnen von seinem Fund, den er als »Komet« bezeichnete. Nur in einem Brief an Oriani gab er offen zu, dass er vermute, »etwas weitaus Besseres als einen Kometen« entdeckt zu haben – mit anderen Worten, einen Planeten.

Piazzi verfolgte die Bahn des neuen Himmelskörpers weiter, musste jedoch ab dem 11. Februar seine Beobachtungen wegen einer Erkrankung einstellen. Als seine Briefe die anderen Astronomen erreichten, hatte sich der neue Himmelskörper schon zu sehr der Sonne genähert, um noch sichtbar zu sein, daher konnte niemand seine Entdeckung bestätigen. Doch das hinderte von Zach nicht daran, den Schluss zu ziehen, der gesuchte Planet sei endlich gefunden worden. Umgehend veröffentlichte er einen Artikel in seiner Zeitschrift *Monatliche Correspondenz zur Beförderung der Erd und Himmelskunde*, in dem er von einem lange vermuteten, nun endlich entdeckten »Hauptplaneten« zwischen Mars und Jupiter berichtete. Von Zach verwendete den Ausdruck »Hauptplanet«, um anzuzeigen, dass der neue Himmelskörper seine eigene Bahn um die Sonne ziehe und es sich nicht bloß um einen Mond eines der bekannten Planeten handle.

Nachdem Piazzi Einzelheiten seiner Beobachtungen veröffentlicht hatte, machte sich auch der deutsche Astronom Johann Karl Burckhardt, ein Schüler von Zachs, daran, die Bahn des neuen Himmelskörpers zu berechnen. Von Zach publizierte die Daten der Umlaufbahn im Juli, zusammen mit einer Tabelle des zu erwartenden weiteren Bahnverlaufs, und im September brachte er dann Piazzis Beobachtungen in voller Länge. In der Oktoberausgabe der *Monatlichen Correspondenz* berichtete er jedoch, die Astronomen hätten Piazzis Planeten nicht finden können, obwohl sie nach ihm Ausschau hielten, seit er sich mutmaßlich wieder weiter von der Sonne entfernt hatte.

Das Problem war, dass Piazzi als Einziger den Himmelskörper tatsächlich beobachtet und außerdem auch nur wenige Tage verfolgt hatte, sodass die Berechnung einer vollständigen Umlaufbahn notwendigerweise mit einem großen Fragezeichen versehen war. Den Uranus dagegen hatten nach seiner Entdeckung mehrere Astronomen einige Monate lang im Visier gehabt, hinzu kam noch die nachträglich identifizierte Beobachtung von Tobias Mayer aus dem Jahr 1756, sodass keine Gefahr mehr bestand, den Uranus wieder zu verlieren. Doch für Piazzis Entdeckung ließ sich kein Zusammenhang mit früheren Beobachtungen herstellen, ein genauer Bahnverlauf war also viel schwieriger zu berechnen. Trotzdem veröffentlichte von Zach, der unbedingt eine Bestätigung für die Existenz seines ersehnten Planeten haben wollte, in seiner Zeitschrift die Tabelle mit den voraussichtlichen Positionen für die Monate November und Dezember, sodass sich die Leser an der Suche beteiligen konnten. Glücklicherweise wurde ihm in Gestalt des brillanten Mathematikers Carl Friedrich Gauß unerwartete Hilfe zuteil.

Gauß besaß eine außerordentliche mathematische Begabung, die schon früh entdeckt wurde. Als er sieben Jahre alt war, stellte sein Lehrer der Klasse die Aufgabe, die Zahlen von 1 bis 100 zu addieren. Er glaubte, seine Schüler damit eine Weile beschäftigt zu haben; doch der kleine Gauß schrieb in kürzester Zeit die Antwort – 5050 – auf seine Tafel. Er hatte gleich gemerkt, dass die Summe aus 50 Zahlenpaaren bestand – 1 + 100, 2 + 99, 3 + 98 und so weiter –, die sich sämtlich zu 101 addierten, sodass die Antwort 50 x 101 lautete. Gauß studierte später Mathematik an der Universität von Göttingen, wo er sich besonders für mathematische Probleme der Astronomie interessierte. Er arbeitete an der Bahnberechnung von Monden und entdeckte unabhängig das Gesetz von Titius und Bode. Im Jahr 1801 fiel dem damals 23-Jährigen die Septemberausgabe der Zeitschrift von Zachs in die Hände, in der ein Artikel über den unauffindbaren Planeten stand, und er entschloss sich, bei seiner Wiederentdeckung mitzuhelfen.

Statt jedoch zum Teleskop zu greifen, spitzte Gauß seinen Bleistift und verbrachte die folgenden zwei Monate damit, eine völlig neue Methode zur Berechnung von Planetenbahnen auszuarbeiten. Die Idee hatte ihn schon beschäftigt, bevor er von dem verlorenen Planeten erfahren hatte. Nun bot sich eine ideale Gelegenheit, sie zu erproben.

Unter Verwendung der Daten von Piazzi und mithilfe seiner neuen Rechentechnik konnte Gauß sehr schnell herausfinden, wo sich das gesuchte Objekt im Moment befinden musste. Er schickte seine Ergebnisse an von Zach, der sie zusammen mit ähnlichen Berechnungen von anderen Mathematikern veröffentlichte. Schließlich ortete von Zach Piazzis Objekt in der Neujahrsnacht im Sternbild Jungfrau – beinahe genau an der Stelle, die Gauß vorausgesagt hatte. In der folgenden Nacht hatte das Objekt seine Position wieder verändert. Es bestand kein Zweifel: Der verlorene Planet war wieder gefunden worden.

Die von Gauß entwickelte Bahnberechnung hatte sich als die exakteste erwiesen. Von Zach konnte erfreut feststellen, dass der mittlere Bahnradius des neuen Planeten 27,67 Einheiten betrug und damit sehr nahe an den 28 Einheiten lag, die nach dem Bodeschen Gesetz zu erwarten waren.

Mit der Wiederentdeckung von Piazzis verlorenem Planeten hatte Gauß einen glänzenden Beweis seiner Fähigkeiten geliefert und sich bleibenden Ruhm als Mathematiker gesichert. Seine neue Methode erlaube es ihm, so unterstrich er, Bahnberechnungen in einer Stunde durchzuführen, für die vorher drei Tage nötig gewesen seien. Tatsächlich hatte im Jahr 1735 der große Mathematiker Leonhard Euler anlässlich eines Wettbewerbs drei Tage ununterbrochen so angestrengt an der Berechnung einer Kometenbahn gearbeitet, dass er darüber auf einem Auge erblindet war. »Auch ich wäre sicher blind geworden«, erklärte Gauß, »wenn ich in dieser Weise drei Tage lang gerechnet hätte.«

Gauß, der ein großer Perfektionist war, feilte lange an seiner Bahnberechnungsmethode. Erst im Jahr 1809 hielt er sie für genügend ausgereift, um sie in seinem Buch *Theoria Motus* zu veröffentlichen. Zuvor hatten sich Mathematiker mit eher groben Bahnberechnungen begnügt, die dann aufgrund der Abweichungen zwischen Vorhersage und Beobachtung nach und nach präzisiert worden waren. Ein derartiges Herumprobieren war unvermeidlich, denn selbst die sorgfältigsten astronomischen Beobachtungen wiesen kleine Fehler auf und waren daher mathematisch schwer zu fassen. Gauß jedoch stellte in seinem Buch eine Methode vor, die es den Astronomen ermöglichte, aus mehreren nicht ganz exakten Beobachtungen die wahrscheinlichste Bahn herauszufiltern. So konnten die Astronomen nun eine Umlaufbahn viel schneller berechnen, als es die alte Versuch-und-Irrtum-Methode erlaubt hatte. Bald wandte man sich der Frage zu, wie man den neuen Planeten nennen solle. Die Franzosen wollten ihn wie gewohnt nach seinem Entdecker benennen, also Piazzi, während die Deutschen, die mehr zu mythologischen Namen neigten, Juno und Hera ins Spiel brachten. Napoleon Bonaparte soll angeblich sogar den bedeutenden französischen Mathematiker und Astronom Pierre-Simon Laplace in sein Feldlager bestellt haben, um mit ihm über die Benennung des neuen Planeten zu sprechen. Doch Piazzi hatte beschlossen, dass er und nur er allein über den Namen entscheiden würde.

Piazzi war, wie er selbst einräumte, ein jähzorniger, hartnäckiger Charakter, der die Datensammlung zu seinem Sternenatlas als zwar notwendige, aber langweilige astronomische Fleißarbeit betrachtete. Seine ganze Bewunderung galt den mehr mathematisch orientierten Astronomen wie beispielsweise seinem Freund Oriani, der ein Spezialist für Bahnberechnungen war. »Deine Arbeit erfordert Genie, meine nur Fleiß«, schrieb Piazzi an Oriani. »Deine Forschungen bereiten Vergnügen, meine sind langweilig. Wenn ich auch solche Werke verfassen könnte, würde ich gern auf meinen Sternenatlas verzichten.«

Verständlich, dass Piazzi seinen astronomischen Ruhm auskosten wollte. »Ich bin absolut berechtigt, ihn so zu benennen, wie ich es für richtig halte, ganz so, als ob er mir gehörte«, erklärte er. »Ich werde ihn immer nur als Ceres Ferdinandea bezeichnen, denn jede andere Namensgebung wäre Undank gegenüber Sizilien und dem König.« Dieser Name verband Mythologie mit einer Reverenz an seinen Herrscher, König Ferdinand von Neapel und Sizilien. Doch zwangsläufig wurde die zweite Hälfte des Namens bald fallen gelassen, und der neue Planet wurde als Ceres bekannt.

Innerhalb weniger Wochen jedoch wurde die Gültigkeit des anscheinend bestätigten Bodeschen Gesetzes wieder infrage gestellt. Am 28. März 1802 entdeckte ein weiteres Mitglied der »Himmels-Polizey«, Heinrich Wilhelm Olbers, einen zweiten Planeten, der zwischen dem Mars und dem Jupiter seine Kreise um die Sonne zog. Er nannte ihn später Pallas. Doch seine Umlaufbahn stimmte nahezu mit der Ceresbahn überein – beide Bahnen sind im Verhältnis zur Ekliptik geneigt und überschneiden sich –, und daher lag der Schluss nahe, dass die neuen Planeten sich grundsätzlich von den bisher bekannten unterschieden. Und als es Friedrich Wilhelm Herschel gelang, ihre Durchmesser zu bestimmen, stellte er fest, dass es sich um winzige Himmelskörper handelte, was ihn daran zweifeln ließ, ob sie überhaupt die Bezeichnung »Planet« verdienten.

Herschel maß die Durchmesser von Ceres und Pallas mithilfe eines trickreichen Instruments, das er selbst entwickelt hatte: mit einem Leuchtmikrometer. Wie der Name vermuten lässt, handelt es sich dabei um eine Lampe; sie beleuchtet ein Stückchen Karton, der mehrere kreisförmige Löcher in verschiedenen Größen besitzt. Herschel, assistiert von Caroline, sah nun mit einem Auge durch sein Teleskop (versehen mit einem sehr leistungsfähigen Okular) nach dem Planeten, während er gleichzeitig mit dem anderen Auge in den Mikrometer blickte. Durch Justierung der Blende und durch Hinterlegung der Kartonlöcher mit farbigem Papier erreichte er, dass beide Bilder – der Planet und sein Faksimile – genau gleich groß aussahen. Danach war es nur noch eine Frage der Trigonometrie, aus der gegebenen Größe und dem Abstand des Lichtpunkts sowie der Vergrößerung des Okulars den Durchmesser des Planeten zu bestimmen. Mit dieser Methode stellte Herschel für die Ceres einen Durchmesser von 261 Kilometern fest und für die Pallas einen von 236 Kilometern. In Wirklichkeit betragen die Durchmesser 941 beziehungsweise 536 Kilometer. Der springende Punkt war jedoch, dass beide Himmelskörper wesentlich kleiner waren als alle anderen Planeten.

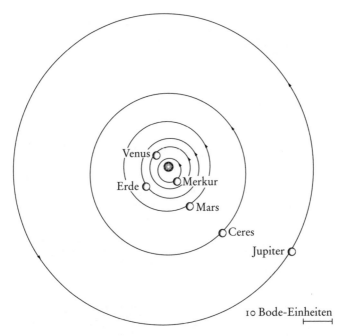

Venus
Erde
Merkur
Mars
Ceres
Jupiter

10 Bode-Einheiten

Die Umlaufbahn der Ceres in der Lücke zwischen Mars und Jupiter. Die Umlaufbahnen von Saturn und Uranus sind nicht abgebildet, die Planeten sind nicht maßstabsgetreu dargestellt.

Im Ergebnis war Herschel der Meinung, man solle die neu entdeckten Himmelskörper nicht zu den Planeten zählen, es handele sich um eine »andere Spezies«. Herschel hatte zunächst 22 lange Nächte vergeblich nach Ceres Ausschau gehalten, denn er hatte angenommen, der Himmelskörper müsse größer erscheinen als ein Stern. Doch Ceres war so winzig, dass Herschel sie schließlich bloß als »Asteroiden« bezeichnete (»astrum« bedeutet auf Lateinisch »Stern«), weil sie im Teleskop ein sternenähnliches Aussehen hatte. Diese Bezeichnung schlug er auch in einem Bericht vor, den er im Mai 1802 bei der Royal Society einreichte.

Nicht überall fand diese Idee Beifall. Piazzi schrieb an Herschel und wandte ein, »Planetoid« sei ein besserer Begriff, da die neu ent-

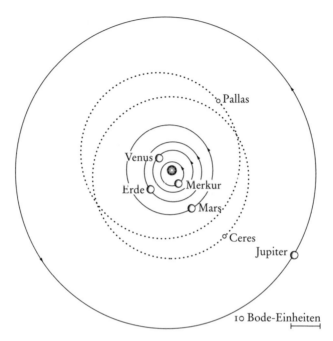

Die sich überschneidenden Umlaufbahnen der Asteroiden Ceres und Pallas.

deckten Himmelsobjekte nichts mit Sternen gemein hätten. Lalande hingegen sah nicht ein, warum man nicht auch sie als Planeten bezeichnen sollte. Laplace allerdings und mit ihm Olbers schlossen sich Herschels Vorschlag an.

Auch in der Presse wurde gegen Herschels Vorschlag polemisiert. »Dr. Herschels Leidenschaft für die Neuprägung von Ausdrücken und Begriffen stellt eine Schwäche dar, die seiner unwürdig ist«, dozierte die *Edinburgh Review*. »Die Erfindung von Begriffen ist eine armselige Tat für jemanden, der ganze Welten entdeckt hat.« Andere Kritiker behaupteten, Herschel beharre auf einem Unterschied zwischen Planeten und Asteroiden, um seine Entdeckung größer als die von Piazzi und Olbers erscheinen zu lassen.

Erst nachdem Karl Ludwig Harding in Lilienthal 1804 einen

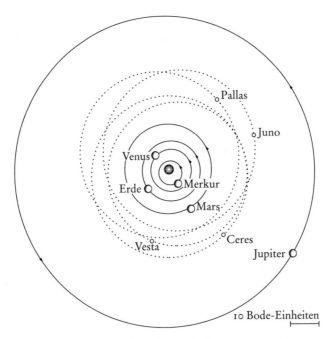

Die Umlaufbahnen der Asteroiden Ceres, Pallas, Juno und Vesta.

dritten Kleinplaneten – die Juno – entdeckt hatte, antwortete Herschel auf die Gegenargumente. »Die spezifischen Unterschiede zwischen Planeten und Asteroiden treten nun, nachdem von Letzteren ein drittes Exemplar beobachtet wurde, sehr deutlich hervor; und dieser Umstand hat meiner Meinung nach mehr zur Zierde unseres Systems beigetragen, als es die Entdeckung eines weiteren Planeten hätte tun können.« Im Vergleich zu Planeten sind Asteroiden sehr klein, und ihre Bahnen überschneiden sich.

Als Olbers 1807 den vierten Asteroiden entdeckte, trug er Gauß in Anerkennung seiner großen Verdienste um die Berechnung der Umlaufbahnen die Ehre an, ihn zu benennen. Gauß entschied sich für den Namen Vesta. Olbers hatte eine Theorie entwickelt, wie die neuen Entdeckungen mit dem Bodeschen Gesetz in Einklang zu bringen waren: Möglicherweise handle es sich bei den Asteroiden um Bruchstücke eines Planeten, der früher im Abstand von 28 Einheiten um die Sonne gekreist und aus irgendeinem Grund zerborsten sei. Herschel hielt das für eine bedenkenswerte Idee, wies allerdings darauf hin, dass es mehr als 30 000 Objekte von der Größe der Pallas bräuchte, um einen Himmelskörper von der Größe des Merkur, des kleinsten Planeten, zusammenzubringen.

Jedenfalls stand nun zweifelsfrei fest, dass es zwischen dem Mars und dem Jupiter keinen Planeten, sondern nur ein paar Felsbrocken gab. Uranus aber sollte den Planetenjägern neue Wege weisen.

Kapitel 3
Ein Planet tanzt aus der Reihe

Wenn flackernd einer Kerze Licht
Um Mitternacht den Nonius erhellt,
Siehst du, wie Merkur durch den Nebel bricht
Und Uranus, die neue Welt.

Samuel Pierpont Langley
aus *The New Astronomy* (1888)

Im Laufe eines Vierteljahrhunderts hatte die Karte des Sonnensystems ihr Aussehen drastisch verändert. Mit der Entdeckung des Planeten Uranus, dessen Bahn zweimal so weit von der Sonne entfernt ist wie die des Neptun, verdoppelte sich auch die Größe des Sonnensystems. Die einstige Lücke zwischen Mars und Jupiter füllten nun vier Asteroide. Wenn aber die fünf Neuankömmlinge ihren Platz in der Planetenfamilie finden sollten, mussten ihre Umlaufbahnen möglichst präzise ermittelt werden. Dafür standen den Astronomen zwei Mittel zur Verfügung: astronomische Instrumente, mit deren Hilfe man die Position von Himmelskörpern bestimmen konnte, und mathematische Methoden, mit denen anschließend ihre Umlaufbahn errechnet und ihre Bewegungen vorhergesagt wurden.

Es gibt astronomische Geräte unterschiedlichster Art und Größe, aber für die Bestimmung der Umlaufbahn wurden damals vor allem drei Dinge verwendet: ein Durchgangsteleskop, ein Mauerquadrant und eine sehr präzise Uhr. Ein Durchgangsteleskop ist ganz einfach ein fest stehendes Teleskop, das genau nach Süden zeigt und so auf einem schwenkbaren Stativ montiert ist, dass es nur in der Vertikale, nicht aber in der Horizontale bewegt werden kann. Damit lässt sich ermitteln, um welche Zeit ein Himmelskörper infolge der Erdumdrehung einen vertikalen Faden kreuzt, der im Inneren des Teleskops gespannt ist. Der Mauerquadrant ist ebenfalls ein nach Süden blickendes, aber nach oben und unten schwenkbares Teleskop, diesmal mit einem horizontalen Faden und einer metallenen Skala ausgestattet, an der sich der Neigungswinkel des Teleskops ablesen lässt. Aus der mit dem Durchgangsteleskop gemessenen Durchgangszeit und der Höhe über dem Horizont, die gleichzeitig von einem zweiten Beobachter am Mauerquadranten abgelesen wird, kann man die exakte Position eines Himmelskörpers ermitteln.

Die Positionen von Sternen und Planeten werden als Koordinaten auf der »Himmelskugel« eingetragen, einem imaginären Koordinatensystem, das Astronomen über den Himmel legen. Wie die Erdoberfläche wird auch die Himmelskugel durch gedachte Längen- und Breitengrade unterteilt. Ihr Nord- und Südpol liegen in der gedachten Verlängerung der Erdachse genau über den entsprechenden Polen der Erde, und der Himmelsäquator ist die Projektion des Erdäquators auf die Himmelskugel.

Die Längen- und Breitengrade des Himmels werden ebenfalls in Grad, Minuten und Sekunden gemessen. Jedes Grad ist in 60 Bogenminuten aufteilt, und jede Bogenminute in 60 Bogensekunden, jede Bogensekunde entspricht also einem 3600stel eines Grads. (Astronomen gebrauchen für die himmlische Breite und Länge die Begriffe »Deklination« und »Rektaszension«.) Abstände und auch Positionen am Himmel können in Grad oder Bruchteilen eines Grads angegeben werden. Die Größe des Vollmonds beträgt zum Beispiel ein halbes Grad oder 30 Bogenminuten oder 1 800 Bogensekunden.

Unter Berücksichtigung des Zeitpunkts, an dem ein Planet den Faden des Durchgangsteleskops kreuzt, seiner Höhe über dem Horizont, des Breitengrads des Observatoriums und der Position der Erde auf ihrer Bahn um die Sonne (die sich aus Datum und Uhrzeit ableiten lässt) konnten Astronomen die Koordinaten eines Planeten auf der Himmelskugel ermitteln. Sobald diese Koordina-

ten festgestellt waren, musste ein mathematischer Korrekturpro-
zess durchgeführt werden, die so genannte »Reduktion«; erst dann
eigneten sich die Daten als Grundlage für weitere Berechnungen.
Die Reduktion dient zum Ausgleich minimaler Effekte wie etwa
der Präzession (der leichten Schwankung der Erdachse, die dazu
führt, dass die Position des himmlischen Nordpols im Lauf von
26 000 Jahren einen Kreis beschreibt), der Nutation (eine kleinere
Schwankung der Erdachse im Lauf von 19 Jahren, verursacht durch
Überlagerung der Gravitationskräfte von Sonne und Mond) und
der Aberration des Lichts (eine winzige Verschiebung der scheinbaren Position eines Himmelskörpers infolge der Bewegung der
Erde und der endlichen Geschwindigkeit des Lichts). Da die Auswirkungen von Präzession und Nutation von Jahr zu Jahr schwan-
ken, müssen Astronomen, die Beobachtungen aus verschiedenen
Jahren vergleichen wollen, die sich verändernde Neigung der Erdachse in ihre Berechnungen einbeziehen. Nur wenn die Daten in
dieser Weise korrigiert werden, können die Beobachtungen als
Grundlage für die Bestimmung der Umlaufbahn von Planeten oder
Asteroiden herangezogen werden.

Die moderne Vorstellung von den Planetenbahnen geht auf den
deutschen Astronomen Kepler zurück. Anfang des 17. Jahrhunderts analysierte er Hunderte von planetaren Beobachtungen des
dänischen Astronomen Tycho Brahe und leitete daraus eine Reihe
empirischer Regeln ab, denen die Bewegungen der Planeten folgen.
Kepler konnte zwar nicht erklären, welche Gesetze hinter diesen
Regeln steckten, aber er sah, dass sie ermöglichten, die Planetenbewegungen mit noch nie da gewesener Präzision vorauszusagen.
Sein größter Durchbruch war eine Regel, die heute als das »1. Ke-
plersche Gesetz« bezeichnet wird. Im Jahr 1609 erkannte Kepler
nach jahrelanger Analyse der Beobachtungen des Planeten Mars,
dass dessen Umlaufbahn (und daher auch die eines jeden anderen
Planeten) elliptisch und nicht kreisförmig verlief. Bis zu diesem

Zeitpunkt hatten Astronomen irrigerweise angenommen, dass sich die Planeten auf perfekten Kreisbahnen bewegen würden.

Eine Ellipse ist eine regelmäßig geformte geometrische Figur, die gewissen Gesetzen gehorcht. Ellipsen erhält man mittels eines diagonalen Schnitts durch einen Kegel. Abhängig vom Winkel des Schnitts ändert sich die Gestalt der Ellipse. Es gibt Ellipsen, die annähernd kreisförmig verlaufen (im Grunde ist der Kreis nur der Spezialfall einer Ellipse), und andere, die eher lang gestreckt sind. Es hat sich gezeigt, dass die Umlaufbahnen einiger Planeten (wie Erde und Venus) Kreise darstellen, während sich andere (wie Merkur und Mars) auf lang gezogenen Ellipsen bewegen. Keplers Erkenntnis, dass alle Umlaufbahnen elliptisch sind, ermöglichte nun deren mühelose Bestimmung. Man brauchte nur noch die Ellipse zu berechnen, die am besten mit den beobachteten Planetenpositionen übereinstimmte. (Mathematisch kann eine elliptische Bahn mithilfe von sechs Zahlen vollständig beschrieben werden: mit der durchschnittlichen Entfernung des Planeten von der Sonne, mit der Exzentrizität, einem Faktor, der angibt, wie stark die Ellipse von der Kreisform abweicht, mit drei Winkeln, welche die Lage der Umlaufbahn im Raum angeben und schließlich mit dem Zeitpunkt, an dem sich ein Planet an einem bestimmten Punkt seiner Umlaufbahn befindet.)

Sobald die Ellipsenbahn mit einer Hand voll Beobachtungen ermittelt war, wurde überprüft, ob das Ergebnis mit anderen Beobachtungen des Planeten übereinstimmte; und wenn nötig wurden dann Korrekturen durchgeführt. War eine Bahn gefunden, die eine befriedigende Erklärung für alle früheren Beobachtungen lieferte, wurden mit ihrer Hilfe die zukünftigen Positionen des Planeten – wie man sie von der Erde aus sehen würde – auf der Himmelskugel vorhergesagt. Anhand weiterer Beobachtungen konnte man diese vorhergesagten Positionen überprüfen und sich vergewissern, ob der Planet tatsächlich den vermuteten Weg über den Himmel nahm. Jede Abweichung wurde genutzt, um die Planetenbahn noch genauer zu berechnen.

Die Ermittlung und die Korrektur von Umlaufbahnen war eine mühselige, komplizierte Angelegenheit. Aber man brauchte exakte Umlaufbahnen, denn die Tafeln mit den künftigen Positionen des Mondes und der Planeten waren für die Navigation unentbehrlich. Zum Beispiel konnte ein Navigator, der die Position eines Planeten an einem bestimmten Tag in seinen astronomischen Tafeln nachschlug, den Winkel zwischen dem Planeten und dem Horizont bestimmen und daraus ermitteln, auf welcher Breite er sich befand. Noch präzisere astronomische Beobachtungen des Mondes – oder der Monde des Jupiters –, die im Verlauf einer Seereise bei einem Zwischenaufenthalt an Land gemacht wurden, dienten dazu, die Schiffschronometer, die zur Bestimmung der Länge unerlässlich waren, nachzujustieren.

Rechnen, Beobachten, Überprüfen und Nachrechnen – daraus bestand das wenig beneidenswerte Alltagsgeschäft der Astronomen rund um den Globus. Als im Lauf des 17. und 18. Jahrhunderts die Genauigkeit der Beobachtungen wuchs und sich die theoretischen Grundlagen erweiterten, konnte man auch die Planetenbahnen exakter vorhersagen. Die hervorragenden Beobachtungen, wie sie James Bradley und Nevil Maskelyne im Royal Greenwich Observatory anstellten, wurden von Mathematikern insbesondere deshalb geschätzt, weil sie seit dem Jahr 1750 ohne Unterbrechungen geführt worden waren. (In anderen europäischen Sternwarten hatte man aufgrund von Kriegen und Revolutionen nicht so kontinuierlich arbeiten können.)

Ende des 18. Jahrhunderts konnten Astronomen die Positionen der Planeten am Himmel mit einer Genauigkeit von wenigen Bogensekunden oder etwa einem Tausendstel Grad berechnen und vorhersagen. Die Planetenbewegungen um die Sonne waren nun nicht länger unstete Wanderungen einiger umherirrender Sterne, wie die Menschen der Antike geglaubt hatten. Vielmehr waren die Planeten unter allen Dingen, mit denen sich die Wissenschaften beschäftigten, diejenigen, über deren Verhalten sich die präzisesten Voraussagen machen ließen.

Man rechnete damit, dass Uranus sich problemlos in die Maschinerie dieses Universums einfügen würde, in dem Beobachtung und Theorie ineinander griffen wie die Zahnräder eines Chronometers. Stattdessen warf der neue Planet alles über den Haufen. Uranus stellte für die mathematischen Theorien, die für astronomische Vorhersagen eingesetzt wurden, eine unerwartete Herausforderung dar. Denn ganz gleich, welch ausgeklügelte Methoden man anwandte, die Himmelsposition des launischen Planeten wollte einfach nicht mit den Vorhersagen übereinstimmen. Und trotz aller mathematischen Verrenkungen fand niemand heraus, warum.

Für die Astronomen des ausgehenden 18. Jahrhunderts stellte die Bestimmung einer präzisen Umlaufbahn für den Uranus ein besonders kniffliges Problem dar, weil der Planet gerade erst entdeckt worden war. Beobachtungsdaten für den Uranus gab es erst seit ein paar Jahren, und weil er so weit entfernt ist und sich so langsam bewegt (er braucht 84 Jahre, um einmal die Sonne zu umkreisen), deckten diese Beobachtungen nur einen kleinen Abschnitt seiner Umlaufbahn ab. Deshalb waren die Berechnungen für den Uranus sehr viel anfälliger für Fehler als die für die anderen Planeten, ein kleiner Irrtum in einer einzigen Beobachtung konnte die Berechnung der Umlaufbahn ganz erheblich beeinträchtigen.

Da für den Uranus nur so wenige Daten vorlagen, erwies sich die Entdeckung, dass Mayer den Planeten bereits 1756 in seinem Sternkatalog verzeichnet hatte, als besonders wertvoll – ja sogar unschätzbar – für die Berechnungsbemühungen um eine präzisere Umlaufbahn. Aus diesem Grund schickte sich Bode, der Mayers Beobachtung gefunden hatte, in den achtziger Jahren des 18. Jahrhunderts an, alle ihm zugänglichen Sternkataloge nach weiteren »verschollenen« Sternen zu durchforsten, bei denen es sich vielleicht um den Uranus gehandelt hatte.

Es dauerte nicht lange, und er stieß auf eine zweite »alte« (vor der Entdeckung gemachte) Beobachtung des Uranus: 1690 hatte

John Flamsteed im Sternbild des Stiers einen blassen Stern gesehen, dessen Position grob mit der des Uranus zur damaligen Zeit übereinstimmte. (Zu Bodes Zeit war der Stern an dieser Stelle des Himmel nicht mehr zu finden.) Aber seine exakte Position wich leicht von all jenen ab, die sich durch die bereits erarbeiteten Umlaufbahnen ergeben würden, also waren sie offenbar alle fehlerhaft. Das hieß, man musste, unter Berücksichtung von Flamsteeds Beobachtung von 1690, die Umlaufbahn für den Uranus von Grund auf neu berechnen.

Genau das tat der Astronom Alexander Fixlmillner von der Sternwarte im österreichischen Kremsmünster. Er ermittelte eine Umlaufbahn, für die er die »alten« Beobachtungen von 1690 und 1756 sowie eine von 1781 und eine eigene Beobachtung von 1783 heranzog. Dann verglich er die aufgrund dieses Orbits getroffenen Vorhersagen mit allen Beobachtungen des Uranus, über die er verfügte, und stellte fest, dass die Vorhersagen ziemlich zutreffend waren. Die größte Diskrepanz zwischen der vorhergesagten und der beobachteten Position betrug nur wenige Bogensekunden. Bode war beeindruckt, und im Jahr 1786 veröffentlichte er Fixlmillners Umlaufbahn in allen Einzelheiten in seinem Astronomischen Jahrbuch.

Doch bereits 1788 stimmten Fixlmillners Vorhersagen für die Position des Uranus nicht mehr mit der Beobachtung überein. Fixlmillner versuchte, seine Umlaufbahn zu berichtigen, aber er stellte fest, dass keine der Bahnen, die sich aus den Daten von 1787 und 1788 ableiten ließen, mit Flamsteeds Beobachtung aus dem Jahr 1690 in Einklang stand. Daher nahm Fixlmillner an, dass sie fehlerhaft gewesen sei, ließ sie außer Acht und bestimmte einen neuen Orbit, der allen Beobachtungen seit 1756 bis auf 10 Bogensekunden gerecht wurde.

Allerdings war Flamsteed als außerordentlich sorgfältiger Beobachter bekannt. Deshalb vermuteten einige Astronomen, die Unvereinbarkeit der modernen Beobachtungen des Uranus mit Flamsteeds Aufzeichnung von 1690 müsse eine tiefergehende Ursache haben. Vielleicht, so meinten sie, könne man die Umlaufbahn exakter berechnen, wenn man die geringfügigen Gravitationseinflüsse (die so genannte Perturbation oder Bahnstörung) von Jupiter und Saturn einbezöge. Dieses Verfahren, entwickelt von dem französischen Mathematiker Pierre Simon Laplace, war mit großem Erfolg zur präziseren Berechnung der Positionen von Jupiter und Saturn eingesetzt worden. Es galt als der wichtigste Fortschritt der astronomischen Forschung, seit der englische Physiker und Mathematiker Sir Isaac Newton im Jahr 1687 seine Theorie der Gravitation veröffentlicht hatte.

Newton hatte erkannt, dass es ein und dieselbe Kraft ist, die einen Apfel zu Boden fallen lässt und die den Mond auf seiner Umlaufbahn um die Erde hält. Seine Theorie vom Gravitationsgesetz legte er in seinem bahnbrechenden Werk *Principia Mathematica* vor. Diesem Gesetz zufolge ist die Anziehungskraft zwischen zwei Körpern (einem Planeten und der Sonne zum Beispiel) proportional zum Produkt ihrer Massen, geteilt durch das Quadrat ihres Abstands. Eine Folgerung aus diesem Gesetz ist, wie Newton mit einem geschickten mathematischen Beweis darlegte, dass Planetenbahnen elliptisch sein müssen, so wie Kepler es zuvor festgestellt hatte.

Während der achtziger Jahre des 18. Jahrhunderts führte Laplace Newtons Schlussfolgerungen noch einen Schritt weiter. Zwar sei die Umlaufbahn eines einzelnen Planeten um die Sonne elliptisch, wie Kepler und Newton gezeigt hätten, doch in einem Sonnensystem mit mehreren Planeten sei, wie er ausführte, die Situation wesentlich komplizierter. Neben den Gravitationskräften zwischen den Planeten und der Sonne würden zusätzlich wesentlich schwächere Anziehungskräfte zwischen den Planeten selbst wirken, so genannte Perturbationen. In den meisten Fällen sei die gegenseitige Perturbation oder Bahnstörung der Planeten so gering, dass man sie außer Acht lassen könne. Aber im Fall von Jupiter und Saturn fiele sie durchaus ins Gewicht. Diese beiden Planeten besäßen die größte Masse und würden sich auf benachbarten Umlaufbahnen bewegen. Daher hätten ihre gegenseitigen Perturbationen nachweisbare Auswirkungen auf ihre Bewegungen.

Die Umlaufzeit des Jupiters beträgt 12, die des Saturn knappe 30 Jahre. Das heißt, dass etwa alle 20 Jahre der Jupiter den Saturn auf seinem Weg um die Sonne überholt. Wenn sich der Abstand zwischen den beiden Planeten verringert, beschleunigt der Jupiter aufgrund der Anziehungskräfte ein wenig, während der Saturn sich etwas langsamer fortbewegt. Sobald der Jupiter den Saturn überholt hat, sorgt die Perturbation dafür, dass der Jupiter wieder langsamer wird, während der Saturn an Geschwindigkeit zulegt. Die feinen Auswirkungen der Perturbation auf Geschwindigkeit und Position beider Planeten erzeugen eine Bahnstörung, welche die perfekte Ellipsenform beeinträchtigt.

Obwohl die mathematischen Berechnungen dadurch erheblich komplizierter wurden, entwickelte Laplace ein Verfahren, das die Umlaufbahnen von Jupiter und Saturn als Kombination zweier Bewegungen darstellte: der Bewegung einer »echten« Ellipse, wie sie jeder Planet beschreiben würde, wenn er als Einziger die Sonne umkreisen würde, zuzüglich der Perturbationsbewegung, die der Nachbarplanet bewirkt. Unter Berücksichtigung dieser Korrekturen konnten die Bewegungen von Jupiter und Saturn nun erheblich genauer vorhergesagt werden als jemals zuvor. Dieser Leistung verdankte Laplace den glanzvollen Beinamen »der französische Newton«.

Dasselbe Verfahren wurde nun auf die Umlaufbahn des Uranus angewendet. Im Jahr 1790 erhielt Jean-Baptiste-Joseph Delambre von der französischen Akademie der Wissenschaften eine Auszeichnung für die Berechnung einer Umlaufbahn des Uranus, welche die Anziehungskräfte von Jupiter und Saturn mit berücksichtigte. Dabei hatte Delambre zunächst die Auswirkungen der beiden Planeten aus jeder beobachteten Position des Uranus herausgerechnet, um zu ermitteln, wo Letzterer sich befunden hätte, wären die beiden anderen nicht vorhanden. Daraus konnte er dann die »echte« Ellipsenbahn ableiten, der Uranus ohne Störung durch andere Gravitationskräfte folgen würde. Schießlich bezog Delambre

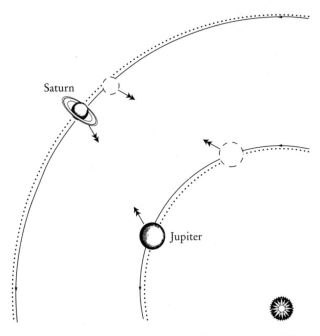

Die Gravitationskräfte zwischen Jupiter und Saturn stören die ideale Ellipsenform der Bahn um die Sonne (gepunktete Linie), der sie andernfalls folgen würden, außerdem haben sie leichte Auswirkungen auf die Position beider Planeten. Wenn die Astronomen diese geringfügigen Perturbationen berücksichtigen, können sie die Positionen beider Planeten wesentlich exakter vorhersagen.

den Einfluss von Jupiter und Saturn wieder mit ein, um eine exakte Darstellung der künftigen Bewegung des Uranus zu erhalten. Delambres Umlaufbahn beruhte auf den alten Beobachtungen Flamsteeds von 1690 und Mayers von 1756 sowie auf weiteren Aufzeichnungen von Pierre Charles Lemonnier, einem begabten, aber glücklosen französischen Astronomen, der 1788 feststellen musste, dass er den Uranus im Jahr 1760 zweimal beobachtet, aber für einen Stern gehalten hatte.

Die auf Delambres Berechnungen basierenden Planetentafeln erschienen 1791. Endlich glaubte man – durch Berücksichtigung der

Anziehungskräfte anderer großer Planeten –, die Bahn des Uranus exakt bestimmt zu haben. 1798 beobachtete Thomas Hornsby den Uranus von Oxford aus und stellte fest, dass seine Position mit Delambres Vorhersagen bis auf wenige Bogensekunden übereinstimmte. Scheinbar war es gelungen, den unsteten Planeten zu bändigen.

Aber das Wohlverhalten des Uranus hielt nicht lange an. Nach 1800 wuchsen die Diskrepanzen zwischen den von Delambre vorhergesagten Positionen und den tatsächlich festgestellten Daten. Offensichtlich musste seine Umlaufbahn wieder einmal völlig neu berechnet werden.

Der nächste Astronom, der sich des Problems annahm, war das französische Mathematikgenie Alexis Bouvard, der als Hirtenjunge den Sternenhimmel beobachtet und so seine Liebe zur Astronomie entdeckt hatte. Später hörte er in Paris öffentliche Vorlesungen über Mathematik und machte sich bald als geschickter Mathematiker einen Namen. Laplace beschäftigte ihn als mathematischen Assistenten, später wurde er in die französische Akademie der Wissenschaften berufen und erhielt einen Preis für seine Studien zur Umlaufbahn des Mondes.

1808 veröffentlichte Bouvard Planetentafeln mit den Positionen von Jupiter und Saturn, die sich später als ungenau erwiesen. Der Grund dafür waren falsche Annahmen über die Masse der Planeten. Bouvard beschloss, die Tafeln zu überarbeiten. Gleichzeitig nahm er sich vor, das Problem des Uranus ein für alle Mal zu lösen.

Zuallererst machte er sich auf die Suche nach weiteren Zufallsbeobachtungen des Uranus vor dessen Entdeckung durch Herschel. Insbesondere nahm Bouvard noch einmal die Aufzeichnungen von Lemonnier unter die Lupe. Bei genauerer Untersuchung stellte sich heraus, dass der glücklose Astronom den Uranus insgesamt zwölf Mal verzeichnet hatte, worunter auch die beiden Beobachtungen waren, die ihm später selbst aufgefallen waren. »Weil Lemonnier seine Beobachtungen nicht Tag für Tag verglich, ging er der Ehrung für eine schöne Entdeckung verlustig«, bemerkte Bouvard. Außerdem beklagte er den Zustand von Lemonniers Aufzeichnungen. Einmal, so behauptete Bouvard, habe Lemonnier die Einzelheiten einer Beobachtung des Uranus auf der Rückseite einer Papiertüte eines Parfümeurs festgehalten, in der sich ursprünglich Haarpuder befunden hätte.

Unterdessen unternahm Johann Karl Burckhardt ähnliche Nachforschungen in den Unterlagen Flamsteeds. Dabei stellte er fest, dass Flamsteed den Uranus 1712 und 1715 als Stern vermerkt hatte, während er den Planeten Saturn beobachtete. Diese Beobachtungen waren wichtig, weil sie die gewaltige Lücke zwischen den bekannten Aufzeichnungen von 1690 und 1750 füllten. Friedrich Wilhelm Bessel, der Direktor der Sternwarte von Königsberg in Ostpreußen, förderte eine weitere Beobachtung zutage: Auch der englische Astronom Bradley hatte 1753 die Position des Uranus verzeichnet.

Mit mehr alten Beobachtungen ausgerüstet als jeder andere vor ihm, schickte sich Bouvard 1820 an, eine neue Umlaufbahn zu berechnen. Doch bald wurde ihm klar, dass etwas sehr Merkwürdiges vor sich ging; es war einfach nicht möglich, eine Umlaufbahn zu ermitteln, die mit allen Beobachtungen übereinstimmte, selbst wenn die Bahnstörungen durch den Jupiter und den Saturn berücksichtigt wurden. Die Abweichungen waren zu groß – zuweilen bis zu 120 Bogensekunden. »Daher«, erklärte Bouvard in seiner Einführung zu den im folgenden Jahr erscheinenden Planetentafeln, »fällt der Schatten des Zweifels auf die Genauigkeit der alten Beobachtungen. Und dies ist schwerlich zu vermeiden, bedenkt man die Umstände, unter denen sie gemacht wurden.«

Bouvard beschloss, sich vor dem Problem zu drücken, indem er alle alten Beobachtungen (das heißt aus der Zeit vor 1781) für ungenau und unzuverlässig erklärte und sie einfach unter den Teppich kehrte. Er führte aus, Bradleys und Mayers Aufzeichnungen würden auf Einzelbeobachtungen beruhen, die Gradeinteilung von

Flamsteeds Instrumenten sei möglicherweise falsch gewesen, und Lemonnier sei ohnehin nicht zu trauen. (Die Geschichte mit der Haarpudertüte war vermutlich unwahr und wurde von Bouvard nur in Umlauf gebracht, um Lemonniers Beobachtungen in Misskredit zu bringen. Lemonnier hatte zwar tatsächlich ein paar Beobachtungen auf einer Papiertüte verzeichnet, aber sie betrafen nicht den Uranus.) Dies alles würde auch erklären, warum Delambres Tafeln, die sowohl alte als auch moderne Beobachtungen heranzogen, die Bewegung des Uranus nicht korrekt darstellen konnten.

»Infolge dieser Erwägungen habe ich die alten Beobachtungen nicht berücksichtigt und den neuen Tafeln nur moderne zugrunde gelegt. Die so erzielte Übereinstimmung ist befriedigend«, schloss Bouvard. Aber vielleicht weil er wusste, auf welch dünnem mathematischen Eis er stand, sicherte er sich nach allen Seiten ab, indem er hinzufügte: »Ich überlasse der Nachwelt die Aufgabe zu entdecken, ob die Schwierigkeit, beide Systeme in Einklang zu bringen, auf der Ungenauigkeit der alten Beobachtungen beruht, oder ob sie von einem äußeren und unbekannten Einfluss herrührt, der möglicherweise auf den Planeten eingewirkt hat.«

Tatsächlich waren die Diskrepanzen zwischen den historischen Positionen, die sich durch Bouvards neue Umlaufbahn ergaben, und den Beobachtungen Flamsteeds, Mayers und Lemonniers ganz erheblich: Sie betrugen bis zu 60 Bogensekunden und waren damit viel zu groß, um allein durch Beobachtungsfehler erklärt zu werden. Bouvards Behauptung, all diesen berühmten Astronomen seien bei ihren Beobachtungen unentwegt enorme Fehler unterlaufen, grenzte an Verleumdung. Es war sein Glück, dass die fraglichen Herren bereits tot waren. Und außerdem wichen auch einige der modernen Beobachtungen bis zu 10 Bogensekunden von Bouvards neu errechneter Umlaufbahn ab. Gemessen an dem technischen Standard der Zeit war auch das eine verdächtige Unstimmigkeit.

Offenkundig taugten die neuen Tafeln nichts, und kurz darauf wies Bessel in seiner Kritik an Bouvard auch auf eine Reihe mathematischer Fehler hin. Gegen Bouvards Planetentafeln wurde außerdem der Einwand vorgebracht, dass seine Schätzung der Masse des Uranus, basierend auf dessen Störung der Saturnbahn, ungewöhnlich hoch ausfiel. Aber insgesamt waren die Astronomen mit Bouvards Tafeln zufrieden, weil weitere Beobachtungen des Uranus in der Folgezeit mit seinen Vorhersagen übereinstimmten. Wie Delambre drei Jahrzehnte vor ihm war es Bouvard scheinbar gelungen, den widerspenstigen Planeten zur Räson zu bringen.

So lagen die Dinge am Ende von Wilhelm Herschels außerordentlicher astronomischer Karriere. Nach seinen Anfängen als Amateur war er durch den Bau von Teleskopen und die Entdeckung eines völlig neuen Planeten, einschließlich zweier Monde, berühmt geworden. Er hatte über 1 000 Doppelsterne identifiziert, zwei neue Saturnmonde entdeckt und die Umlaufzeit der Saturnringe ermittelt. Außerdem hatte er erstmals die jahreszeitlichen Veränderungen auf den Eiskappen des Mars registriert. Herschel starb am 25. August 1822, umgeben von seinen astronomischen Unterlagen und Karten, und wie immer war seine Schwester Caroline an seiner Seite. Ein seltsamer Zufall wollte es, dass er 84 Jahre alt wurde – genau der Zeitraum, den sein Planet für seinen Weg um die Sonne benötigt.

Als Wilhelm Herschel starb, war sein Sohn John gerade dabei, sich ebenfalls als hervorragender Wissenschaftler einen Namen zu machen. Ihm sollte eine Schlüsselrolle bei der Lösung des Uranus-Problems zufallen. Denn es stellte sich bald heraus, dass der notorisch ungezogene Planet seines Vaters neue Rätsel aufgab.

Schon 1825 und 1826 ergaben Beobachtungen des Uranus in Österreich kleine, aber signifikante Abweichungen gegenüber den von Bouvard vorhergesagten Positionen. 1828 traten bei weiteren Beobachtungen in England unter der Leitung von George Biddell Airy, Professor für Astronomie in Cambridge, Diskrepanzen von 12 Bogensekunden auf. Ein Astronom wies damals darauf hin, dass die Tafeln auch für die anderen Planeten nicht ganz zuverlässig seien. Allerdings zeigten sich bei ihnen nur leichte Ungenauigkeiten, während sie beim Uranus immer größer wurden. Die Abweichung des Längengrads stieg auf 16 Bogensekunden, 1829 lag sie schon bei 23 und 1830 erreichte sie gar 30 Bogensekunden. Eine so große Diskrepanz könne man nicht einfach ignorieren, erklärte Airy in seinem *Report on the Progress of Astronomy*, den er 1832 für die British Association for the Advancement of Science (die Britische Gesellschaft zur Förderung der Wissenschaft) verfasste – ebenjene Abhandlung, die John Couch Adams neun Jahre später in einer Buchhandlung in Cambridge entdecken sollte. Hinsichtlich des Uranus, so schrieb Airy, »stellt sich eine einzigartige Schwierigkeit ... es scheint unmöglich, alle Beobachtungen in einer elliptischen Umlaufbahn zusammenzufassen, und Bouvard hat die alten [Beobachtungen] völlig verworfen. Aber nicht einmal so kann die Bahn des Planeten richtig dargestellt werden.«

Offensichtlich ging da etwas Merkwürdiges vor sich. Das Opfer war Uranus, das Verbrechen die Bahnstörung durch einen Himmelskörper, aber die Identität des Missetäters lag noch völlig im Dunkeln.

Kapitel 4
Ein astronomisches Rätsel

Kein Wunder, fürwahr, dass Uranus als das Rätsel unserer
Wissenschaft angesehen wird – kein Wunder, dass so viele
Geister sich diesem Teil der Himmelsmechanik zugewandt
haben.

J. P. Nicol, Professor für Astronomie an der Universität
Glasgow
aus *The Planet Neptune, an Exposition and History* (1848)

In den dreißiger Jahren des 19. Jahrhunderts hatten die Astronomen bereits die verschiedensten Erklärungen für das merkwürdige Verhalten des Uranus vorgelegt, das nun schon seit Jahrzehnten zu beobachten war. Manche dieser Theorien erschienen jedoch einleuchtender als andere.

Als Alexis Bouvard 1821 seine Planetentafeln veröffentlichte, machte die Theorie die Runde, der Uranus sei vielleicht von einem Kometen getroffen worden. Dies hätte eine ausgezeichnete Erklärung für die Abweichungen zwischen den Beobachtungen vor 1781 und nach 1781 geboten. Die Wucht des Kometeneinschlags, der zwischen 1771 (als Uranus zuletzt von Lemonnier gesichtet wurde) und 1781 (als Herschel ihn erstmals sah) erfolgt sein müsse, habe, so spekulierte man, den Planeten aus seiner ursprünglichen Bahn geworfen.

Diese Theorie hätte zwar Bouvards Entscheidung gerechtfertigt, die alten Beobachtungen außer Acht zu lassen, sich aber nur dann als stichhaltig erwiesen, wenn seine Planetentafeln von 1821, ausgehend von den Beobachtungen nach 1781, die Position des Uranus korrekt vorhergesagt hätten. Doch leider taten sie das nach 1825 nicht mehr. Die Annahme eines Kometeneinschlags hätte sich nur

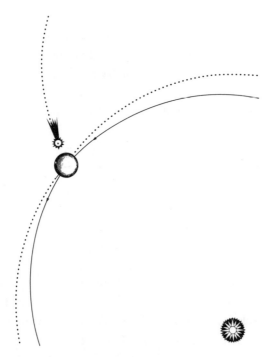

Die Kometeneinschlagstheorie. Einige Astronomen vermuteten, ein riesiger Komet habe den Uranus zwischen 1771 und 1781 getroffen und seine Umlaufbahn verändert.

dann mit dem Verhalten des Uranus vereinbaren lassen, wenn man einen weiteren unsichtbaren Kometeneinschlag im Jahr 1825 postuliert hätte. Also wurde diese Theorie rasch Makulatur.

Eine andere Erklärung vermutete, im Weltraum gebe es ein Medium, das der Planetenbewegung Widerstand leistete. Vielleicht wurde ja der Uranus, der hinter die in Bourvards Tafeln vorhergesagten Positionen zurückfiel, durch irgendetwas gebremst. Dieser Gedanke war nicht ganz neu: Die so genannte »Äthertheorie« stammte ursprünglich von dem deutschen Astronomen Johann Franz Encke, der damit die ungewöhnliche Bewegung eines Kometen zu erklären versuchte.

1819 erkannte Encke, dass die jeweils 1786, 1795, 1805 und 1818 beobachteten Kometen in Wahrheit identisch waren. (Die Beobachtung des Jahres 1795 machte Caroline Herschel.) Encke bestimmte eine Ellipsenbahn für den Kometen und stellte fest, dass er für seinen Weg um die Sonne 3,3 Jahre benötigte. Aber als er die Umlaufbahn anhand der Daten von 1822 und 1829 genauer berechnete, bemerkte er, dass der Komet auch unter Berücksichtigung der planetaren Bahnstörungen für jede Umlaufbahn 2,5 Stunden weniger benötigte als zuvor, sodass sich seine Umlaufzeit seit 1786 um fast zwei Tage verringert hatte. Encke versuchte mit einer ausgeklügelten Berechnung nachzuweisen, dass dieses Phänomen durch das Vorhandensein eines Widerstand leistenden Mediums, das den Kometen bremse, seine Bahn kleiner und enger mache und damit die Umlaufzeit kontinuierlich verkürze, erklärt werden könne.

Aber konnte dieses bremsende Medium, wenn es denn existierte, das Verhalten des Uranus erklären? Das schien doch eine eher unwahrscheinliche Hypothese. Aus irgendeinem Grund zeigten sich die Auswirkungen des Widerstandsmediums nur bei Enckes Kometen. Und mit Ausnahme des Uranus verhielten sich alle anderen Planeten, Asteroide und Monde gemäß der Newtonschen Gravitationstheorie. Die Idee von einem Widerstandsmedium, das nur zwei Himmelskörper des Sonnensystems beeinflusse, wurde als absurd verworfen. (Die eigenartige Bewegung von Enckes Komet wird, wie man heute glaubt, durch den asymmetrischen Ausstoß von Staub und Gas aus seinem Inneren bewirkt, der einen leichten, aber ungleichmäßigen Schub verursacht.)

So seltsam die Kometeneinschlags- und die Widerstandsmediumstheorie erscheinen mochten: Der dritte Kandidat – die Idee, dass die Umlaufbahn des Uranus durch einen unsichtbaren Uranusmond beeinflusst werde – war noch viel weniger plausibel. Nur ein gigantischer Mond, etwa so groß wie der Uranus selbst, hätte überhaupt seine Bahn beeinflussen können. Zwei winzige Uranusmonde waren bereits entdeckt worden, aber einen derart riesenhaften Trabanten hatte noch niemand gesichtet. Zudem hätte ein so gewaltiger Begleiter, selbst wenn er existierte, kleine periodische Schwankungen ausgelöst, nicht aber eine stetige und wachsende Abweichung der Position des Uranus. Also wurde auch diese Theorie verworfen.

Nun war nicht auszuschließen, dass Bouvard bei der Erstellung seiner Planetentafeln ein mathematischer Fehler unterlaufen war. Astronomische Tafeln waren nie völlig zuverlässig, gelegentlich wimmelten sie sogar von Fehlern. Zu ihrer Erstellung wurden auch mathematische Tafeln (zum Beispiel Logarithmentafeln) herangezogen, und es kam vor, dass Fehler von einer Tafel auf die andere wanderten. Wie John Herschel bemerkte: »Ein übersehener Fehler auf einer Logarithmentafel gleicht einem unentdeckten unterseeischen Felsen, und niemand kann sagen, wie viele Schiffsunglücke hier schon stattgefunden haben.«

Solche Irrtümer konnte man jedoch nicht für die Diskrepanzen zwischen den vorhergesagten und den tatsächlich beobachteten Positionen des Uranus verantwortlich machen. Eine Reihe von Mathematikern unterzogen Bouvards Tafeln einer gründlichen Prüfung und entdeckten einige kleinere arithmetische Fehler. So zeigte sich etwa, dass Bouvard die Masse des Jupiter, die für die Störung der Uranusbahn maßgeblich war, falsch angesetzt hatte. Aber selbst nachdem man Korrekturen durchgeführt hatte, konnten die Tafeln die Bewegung des Uranus nicht erklären. Offenbar steckte mehr dahinter als bloß ein schlichter Rechenfehler.

Ein weiterer Erklärungsversuch, der allerdings nur wenige Anhänger fand, lautete, Newtons Gravitationsgesetz sei in irgendeiner Hinsicht unvollständig. Vielleicht galt es für den Uranus nicht, weil er so weit von der Sonne entfernt war. Oder vielleicht beeinflusste die Gravitationskraft unterschiedliche Körper in unterschiedlicher Weise, je nach ihrer chemischen Zusammensetzung.

Gegen beide Ideen war einzuwenden, dass gerade Newtons Gravitationsgesetz eines der schönsten Beispiele für die Allgemeingültigkeit wissenschaftlicher Gesetze darstellte. Jedes Mal wenn irgendwelche Zweifel daran angemeldet worden waren, hatte seine Gültigkeit bestätigt werden können. Allem Anschein nach handelte es sich um ein wahrhaft universelles Gesetz. Für den Uranus konnte keine Ausnahme gelten. Deshalb dachten die meisten Astronomen nicht einmal daran, am Gravitationsgesetz herumzubasteln, bevor nicht alle anderen Möglichkeiten erschöpft waren.

Damit blieb nur eine Erklärung. Es war bekannt, dass Jupiter, Saturn und Uranus durch ihre Gravitationskräfte die Bahnen ihrer Nachbarn beeinflussten. Gab es also womöglich einen weiteren großen, unentdeckten Planeten, der noch weiter von der Sonne entfernt lag und mit seiner Anziehungskraft die Bewegung des Uranus störte? Je unartiger Herschels Planet sich aufführte, umso mehr Menschen waren geneigt, diese faszinierende Lösungsmöglichkeit in Erwägung zu ziehen.

Die Vorstellung, dass jenseits des Uranus vielleicht ein weiterer Planet seine Bahnen zog, war nicht neu. Seit der Entdeckung des Uranus hatte es vage Spekulationen über einen noch weiter entfernten Planeten gegeben, und anscheinend lieferte die augenscheinliche Bestätigung des Bodeschen Gesetzes – nämlich die Entdeckung der Asteroiden – sogar einen Hinweis auf seine Entfernung von der Sonne. Dem Bodeschen Gesetz zufolge hätte der neue Planet, sofern er existierte, eine Umlaufbahn mit einem durchschnittlichen Radius von 388 Einheiten haben müssen, das heißt, er wäre etwa doppelt so weit von der Sonne entfernt zu finden wie der Uranus (siehe Tabelle unten). 1802 schlug der Astronom Ludwig Wilhelm Gilbert sogar einen Namen für diesen hypothetischen Planeten vor: »Ist der Ophion, ein Planet jenseits der Bahn des Uranus, eine weitere unentdeckte Welt?«

Das seltsame Verhalten des Uranus löste nach 1830 erneute Spekulationen aus. 1835 äußerte sich Jean Valz, der Direktor der Sternwarte von Marseille, in einem Brief an François Arago, den führen-

Planet	Bahnradius	Vorhergesagter Radius
Merkur	4	$4 + 0 = 4$
Venus	7	$4 + (1 \times 3) = 7$
Erde	10	$4 + (2 \times 3) = 10$
Mars	15	$4 + (4 \times 3) = 16$
(Asteroiden)	28	$4 + (8 \times 3) = 28$
Jupiter	52	$4 + (16 \times 3) = 52$
Saturn	95	$4 + (32 \times 3) = 100$
Uranus	192	$4 + (64 \times 3) = 196$
?		$4 + (128 \times 3) = 388$

den Astronomen Frankreichs, über den Halleyschen Kometen, der in diesem Jahr erscheinen sollte und nicht ganz der vorausberechneten Bahn gefolgt war. Die Umlaufbahn des Kometen führte ihn über die Umlaufbahn des Uranus hinaus, und Valz glaubte daher, die Diskrepanzen der Kometenbahn durch die postulierte Existenz eines »unsichtbaren Planeten jenseits des Uranus« erklären zu können. Ein solcher Planet könne auch die regelwidrige Bewegung des Uranus erklären. »Wäre es nicht bewundernswürdig, wenn wir die Existenz eines Himmelskörpers beweisen würden, den wir nicht einmal beobachten können?«, meinte er.

1834 erhielt Airy, der auch Direktor der Sternwarte von Cambridge war und mit seinem Bericht über die »Fortschritte in der Astronomie« besonderes Interesse am Uranus bekundet hatte, einen Brief mit einer ähnlichen Anregung. Thomas Hussey, ein englischer Geistlicher, der sich eifrig als Amateurastronom betätigte, schrieb: »Die scheinbar unerklärlichen Diskrepanzen zwischen den alten und den neueren Beobachtungen haben mich auf die Idee gebracht, dass möglicherweise jenseits des Uranus ein störender Himmelskörper existiert, der, weil unbekannt, bisher nicht berücksichtigt wurde.«

Hussey erklärte Airy, er habe erwogen, die ungefähre Position des Planeten mathematisch zu ermitteln, und dann eine Sternkarte für einen kleinen Bereich des Himmels zu erstellen und eine Woche lang nach Wandelsternen abzusuchen, vielleicht könne er ja dann den Planeten entdecken. Aber, so klagte er, »ich musste feststellen, dass ich dem ersten Teil der Aufgabe in keiner Weise gewachsen bin«. Hussey hatte, wie er hinzufügte, kurz zuvor Bouvard in Paris getroffen und ihn gefragt, was er von der Idee halte. Bouvard hatte erklärt, er habe auch schon darüber nachgedacht, die Berechnungen selbst durchzuführen. Airy sei doch ein geschickter Mathematiker; was, so fragte Hussey, meine er dazu?

Aber Airy versetzte Hussey einen Dämpfer. »Ich habe mir oft über die Unregelmäßigkeiten des Uranus Gedanken gemacht«, schrieb er. »Es handelt sich um einen Gegenstand, der uns Kopfzerbrechen bereitet, aber ich will nicht verhehlen, dass meiner Meinung nach beim derzeitigen Stand der Dinge nicht die geringste Hoffnung besteht herauszufinden, wie ein äußerer Einfluss auf den Planeten geartet sein könnte.« Airy merkte noch an, dass sich für die Jahre 1750 und 1834, als der Planet relativ zur Sonne dieselbe Position eingenommen hatte, aus Bouvards Tafeln Abweichungen in gleicher Größenordnung ergaben. Da ein Planet, der Störkräfte ausübt, in diesem Zeitraum sicherlich weitergewandert wäre, hätte sein Einfluss auch unterschiedliche Abweichungen hervorrufen müssen. Airy schloss daraus, dass es sich anscheinend nicht um eine unregelmäßige Bahnstörung handle, und äußerte die Ansicht, dass die weitere Erforschung der Umlaufbahn und eine ausführlichere Neuberechnung der vom Saturn ausgehenden Gravitationseinflüsse das Problem lösen würden. Er hoffe, dass er bald die Zeit finden werde, diese Berechnungen auszuführen, die er bereits in Rohform skizziert habe.

Abschließend schrieb Airy, dass, auch wenn der Uranus einem unregelmäßigen Störeinfluss ausgesetzt sei, er sehr bezweifle, »ob es möglich ist, den Ort des dafür verantwortlichen Planeten auszumachen. Ich bin mir sicher, dass dies erst dann erfolgen kann, wenn die Natur dieser Unregelmäßigkeiten anhand mehrerer aufeinander folgender Umläufe geklärt ist.« Airy glaubte also, dass der Einfluss eines Störplaneten erst deutlich würde, wenn der Uranus mehrmals die Sonne umkreist habe. Und da der Uranus für seinen Weg um die Sonne 84 Jahre benötige, müsse man sich wohl noch ein paar hundert Jahre gedulden.

Airy hatte den Uranus sehr aufmerksam im Auge behalten und ihn zwischen 1833 und 1835 wiederholt beobachtet. Seine Analyse dieser Beobachtungen, die 1838 in der deutschen Zeitschrift *Astronomische Nachrichten* erschienen, zeigten, dass Bouvards Tafeln nicht nur die Länge des Planeten, sondern auch seinen Abstand von der Sonne, den so genannten Radiusvektor, falsch vorausgesagt hatten.

1837 erhielt Airy einen Brief von Alexis Bouvards Neffen Eugène, der ihm mitteilte, er arbeite »an einer Aufgabe, die, wie ich meine, von nicht geringer Bedeutung ist«. Sein Onkel sei im Begriff, neue Planetentafeln für Jupiter und Saturn zu erstellen, und ihm sei es zugefallen, ergänzend dazu neue Tafeln für den Uranus vorzubereiten. Jeder wisse, so schrieb Bouvards Neffe, dass die vorhandenen Tafeln für den Uranus fehlerhaft seien und sich das Problem stetig verschlimmere. »Weist dies«, fragte er, »auf eine unbekannte Perturbation hin, die von einem weiter entfernten Himmelskörper auf die Bewegung dieses Planeten einwirkt? Ich weiß es nicht, aber das ist jedenfalls die Ansicht meines Onkels. Der Lösung dieser Frage messe ich größte Bedeutung bei. Aber um sie zu beantworten, muss ich die Beobachtungen des Uranus mit äußerster Präzision reduzieren, und dazu fehlen mir in vieler Hinsicht die Mittel.«

In seiner Antwort wiederholte Airy, was er bereits Hussey erklärt hatte, nämlich dass die Abweichungen seiner Meinung nach durch Neuberechnung der Auswirkungen von Jupiter und Saturn behoben werden könnten. Die Längengradabweichungen des Uranus nähmen, wie er sagte, »mit erschreckender Geschwindigkeit zu ... Ich kann mir nicht vorstellen, was diese Abweichungen verursacht, aber ich bin geneigt, sie einem Fehler bei der Berechnung der Störeffekte zuzuschreiben. Wenn sie aber auf den Einfluss eines unerkannten Himmelskörpers zurückzuführen sind, dann wird es praktisch unmöglich sein, ihn jemals zu orten.«

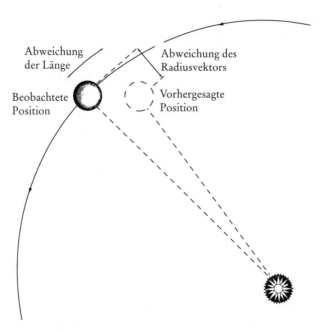

Die Abweichung des Radiusvektors. Bouvards Planetentafeln gaben die Länge und den Radiusvektor des Uranus an. Den meisten Astronomen bereitete vor allem die Abweichung der Länge Sorge, aber George Airy zeigte, dass Bouvard auch den Radiusvektor falsch vorausgesagt hatte.

Es passte zu Airys Charakter, dass er der Vorstellung eines noch unentdeckten Planeten skeptisch gegenüberstand. Airy, ein recht fantasieloser Systematiker, war 1835 zum Königlichen Astronomen ernannt worden. Er sollte unter anderem den Ruf des Royal Greenwich Observatory aufbessern, der unter seinem Vorgänger John Pond etwas gelitten hatte. Pond hat sich vor allem durch die Einführung der roten Kugel auf dem Dach der Sternwarte verdient gemacht, einem Zeitsignal für die an der Themse vertäuten Schiffe. Auch unterzog er die Arbeit im Observatorium einer gründlichen Reform. Doch später hielt er trotz schwerer Krankheit zu lange an seinem Amt fest und nahm manches nicht mehr so genau.

Airy machte sich im Lauf der Jahre als Leiter des Observatoriums in Cambridge einen guten Namen; er besaß Organisationstalent und arbeitete äußerst zuverlässig. Aber er klammerte sich äußerst starr an seine Gewohnheiten, und nach den vielen Anekdoten zu urteilen, die von seinem merkwürdigen Verhalten zu berichten wissen, besaß er offenbar einen sehr schwierigen Charakter. Zum Beispiel bestand Airy darauf, dass die Beobachter im Observatorium stets auf dem Posten blieben, auch wenn es bewölkt oder regnerisch war und eigentlich gar keine Beobachtungen gemacht werden konnten. Regelmäßig machte er seinen Rundgang, um zu prüfen, ob alle Mitarbeiter auf ihrem Platz waren. Genauso streng war er natürlich bei klarem Himmel. Einmal traf er einen Gehilfen an, der an seinem freien Tag den Himmel beobachtete. Airy fragte den Mann, was er da tue. »Ich halte nach neuen Planeten Ausschau«, lautete die Antwort. Airy erteilte dem Mann einen Verweis und schickte ihn sofort nach Hause. Nach Airys Meinung waren derlei spekulative Betätigungen, selbst wenn sie in der Freizeit erfolgten, nicht Sinn und Zweck seiner Sternwarte. »Das Observatorium wurde ausdrücklich zur Unterstützung von Astronomie und Navigation errichtet, um Methoden zur Bestimmung des Längengrads auf See weiterzuentwickeln und insbesondere, um die Bewegungen des Mondes zu verfolgen«, erklärte er. Alles, was über diese klar umrissenen Aufgaben hinausging – wie die Suche nach neuen Planeten –, fand als unnötige Zerstreuung seine Missbilligung.

Einmal soll Airy einen ganzen Nachmittag damit zugebracht haben, das Wort »leer« auf große Kartonstücke zu schreiben, die dann auf leere Verpackungskisten genagelt wurden, um diese von gefüllten unterscheiden zu können. Airy übernahm diese niedere Arbeit selbst – hätte er einen seiner Mitarbeiter damit betraut, wäre ja der gestrenge Zeitplan der Sternwarte durcheinander geraten!

Selbst Airys Freunde und Angehörige fanden sein Verhalten zuweilen sehr eigenartig. Einer seiner Freunde berichtete: »Wenn Airy seinen Federhalter an einem Bogen Löschpapier abwischte, so

vermerkte er auf dem Löschpapier ordnungsgemäß das Datum und
nähere Angaben zu seiner Verwendung und legte es bei seinen Unterlagen ab.»Airys Sohn erinnerte sich, dass »er sein Leben lang ge-
wissenhaft Einnahmen und Ausgaben mit doppelter Buchführung
festhielt und größten Wert auf eine ordentliche Buchführung legte
… anscheinend vernichtete er niemals irgendwelche Dokumente:
Kupons von alten Scheckheften, Auftragszettel für Handwerker,
Rundschreiben, Rechnungen und Korrespondenz aller Art wurden
sorgfältig und in größter Ordnung aufbewahrt, sodass sie sich in
riesiger Menge ansammelten.« Airy gab sogar einmal eine »allgemeine Anweisung« an seine Leute heraus, dass »keinerlei Schrift-
stücke zerstört werden dürfen. Sie sind bei mir abzuliefern oder in
der Aktenmappe oder an einem anderen für ihre Aufbewahrung
vorgesehenen Ort zu verwahren.«

Airy führte ein wahrhaft strenges Regiment. Er vereinheitlichte
und rationalisierte den Arbeitsablauf im Observatorium, bis er die
Rechentätigkeit in mathematische Fließbandarbeit verwandelt
hatte. Für die Reduktionsberechnungen führte er vorgedruckte
Formulare ein, und auch die Reduktionsberechnungen für unter
seinem Vorgänger gemachte Beobachtungen holten seine Mathematiker nach. Walter Maunder, einer seiner Assistenten, hielt fest,
dass »seine Vorschriften für seine Untergebenen äußerst despotisch
waren – worunter etliche Mitarbeiter, die er offenbar als bloße
›Handlanger‹ ansah, sehr litten. Die unglücklichen Leute, welche
die Berechnungen für die umfangreichen Reduktionen der Mond-
bahn durchführten, mussten von acht Uhr morgens bis acht Uhr
abends an ihren Schreibtischen ausharren, und zwar ohne die kleinste Unterbrechung außer einer Stunde Mittagspause.«

Wie bürokratisch Airys Einstellung zu seiner Arbeit war, zeigt
sich wohl am deutlichsten in der Tatsache, dass er nach seiner Ernennung zum Königlichen Astronomen kaum noch einen Blick
durch ein Teleskop warf. Freilich hatte er sehr schlechte Augen und
trug meist mehrere Brillen bei sich, die er zum Teil selbst hergestellt
hatte. Während seiner Amtszeit in Greenwich machte er wohl we-

George Biddell Airy

niger Beobachtungen als jeder andere Königliche Astronom vor ihm. Zwischen 1835 und 1843 entfielen nur 164 von den 69 204 am Observatorium verzeichneten Beobachtungen auf ihn. Er sah seine Aufgabe offenbar hauptsächlich als Verwaltungstätigkeit.

Airy verdankte es seinem Ruf als durch und durch verlässlicher Wissenschaftler, dass ihn die britische Regierung bei einer ganzen Reihe drängender wissenschaftlicher Fragen zurate zog. So wurde er in eine Kommission berufen, die über die Spurweite der britischen Eisenbahn entschied. Er wirkte beratend bei der Konstruktion und Ausführung der Uhr von Big Ben mit, dem Glockenturm des Parlaments von Westminster. Ferner beteiligte er sich nach einem Brand im Parlamentsgebäude an der Neuordnung des britischen Maß- und Gewichtssystems. Und er beriet die britische Marine beim Gebrauch von Magnetkompassen auf Eisenschiffen. 1842

holte man Airys Meinung zu der Frage ein, ob die mechanische Rechenmaschine des Mathematikers Charles Babbage, an der seit
mehreren Jahren gebaut wurde, weiterhin mit Regierungsgeldern
gefördert werden solle. Airy erklärte, Babbages Vorhaben sei
»wertlos«, und damit war die Sache erledigt. Die noch nicht zusammengebauten Einzelteile kamen zum Alteisen und wurden eingeschmolzen.

Airy war hauptsächlich aufgrund seiner Zuverlässigkeit zum
Königlichen Astronomen ernannt worden. Er war kein Wissenschaftler, der einen Sprung ins Ungewisse gewagt hätte. Daher
überrascht es nicht, dass er sich so wenig empfänglich für die kühne
Vorstellung zeigte, dass jenseits des Uranus ein neuer Planet seine
Bahnen ziehe. Mit seiner Überzeugung, es sei möglich, die Bewegung des Uranus ohne einen solchen Einfluss zu erklären, stand er
jedoch bald allein da.

Einer der entschiedensten Verfechter der Existenz eines neuen Planeten war der Direktor der Königsberger Sternwarte in Ostpreu
ßen. In früheren Jahren hatte Bessel die Idee vertreten, dass Körper
verschiedener chemischer Zusammensetzung eine unterschiedliche
Anziehungskraft ausüben könnten. Aber nach einer Reihe von Experimenten zur Überprüfung dieser Theorie hatte er sie verwerfen
müssen. Danach wandte er sich mit dem Eifer eines Bekehrten der
Theorie des neuen Planeten zu.

In einem im Jahr 1840 gehaltenen Vortrag erklärte Bessel, jeder
Versuch, das Verhalten des Uranus zu erklären, müsse »auf dem
Bemühen gründen, Umlaufbahn und Masse eines unbekannten
Planeten zu bestimmen, und zwar dergestalt, dass die resultierenden Perturbationen des Uranus die zurzeit kaum übereinstimmenden Beobachtungen wieder in Einklang bringen«. Er war überzeugt, dass man durch beharrliche mathematische Bemühungen
den unbekannten Planeten schließlich entdecken würde, wenn es
auch harte Arbeit erfordere: »... die Ader gediegenen Goldes ... liegt

tief; an dem zu ihr führenden Schachte muß lange gesprengt und losgeschlagen werden ... was während dieser Zeit der Schweiß des Arbeiters weit unter dem Bereiche der Blicke von oben ablöst, ist taubes Gestein und armes Erz, durch dessen Verschmelzung vor Erreichung der Ader er spärlich gelohnt wird.« Bessel und sein Schüler Friedrich Flemming leisteten durch eine Neuanalyse der historischen Beobachtungen des Uranus die mathematische Vorarbeit für eine solche Berechnung. Aber Flemming verstarb unerwartet, und Bessel wurde in der Folge ebenfalls krank, sodass ihr Versuch im Sande verlief.

Ein weiterer Astronom trat öffentlich für die Idee eines noch nicht gesichteten Planeten ein: Heinrich von Mädler, der Direktor der Sternwarte von Dorpat in Estland. In seinem Buch *Populäre Astronomie*, das erstmals 1841 erschien, erklärte er, man könne »auf einen jenseits des Uranus laufenden und diesen störenden Planeten ... schließen; ja man darf die Hoffnung aussprechen, daß die Analyse einst diesen höchsten ihrer Triumphe feiern und durch ihr geistiges Auge Entdeckungen in Regionen machen werde, in die das Körperliche bis dahin einzudringen nicht vermochte.«

Es war der gleiche Gedanke, den auch Adams hatte, als er in dem Cambridger Buchladen stand und Airys Bericht über den »Fortschritt in der Astronomie« las. Aber er besaß, anders als seine Vorgänger, sowohl die Möglichkeiten als auch das mathematische Können, die für den nächsten Schritt erforderlich waren.

Kapitel 5
Der junge Detektiv

Vier Elemente pflanzte die Natur
In unsre Brust, um Vorherrschaft zu ringen,
Sodass uns Ehrgeiz rastlos treibt
Und unsre Seele zu begreifen sucht,
Den wundersamen Bau der Welt
Und der Planeten Bahnen zu bestimmen.

Christopher Marlowe
aus *Tamburlaine the Great* (1587)

Warum die Idee, die Position eines unentdeckten Planeten nur anhand eines Papierbogens voller Zahlen zu ermitteln, John Couch Adams so verlockend erschien, ist leicht nachzuvollziehen: Von frühester Jugend an hatte er sich gleichermaßen für mathematische Probleme und für Astronomie interessiert. Er kam 1819 als ältestes von sieben Kindern auf einem Bauernhof in Lidcot (Cornwall) zur Welt. Sein mathematisches Talent zeigte sich schon von klein auf, und mit elf Jahren hatte er den Ruf eines Wunderkinds. Der kleine John behielt seine mathematischen Talente eigentlich lieber für sich, aber sein Vater war so stolz auf ihn, dass er gern öffentlich mit den Rechenkünsten seines Sohnes prahlte.

1830 besuchte er mit seinem Vater Mr. Pearse, einen Freund der Familie in Devon, der einen Sohn im gleichen Alter hatte. Die beiden Männer konnten sich nicht einigen, welcher ihrer beiden Söhne der begabtere Mathematiker sei, und beschlossen, die Frage durch einen Wettbewerb zu klären. Jeder Junge sollte dem anderen ein mathematisches Problem vorlegen. John konnte das Problem des jungen Pearse nicht lösen und behauptete daraufhin, es sei überhaupt unlösbar. Auch der junge Pearse fand keine Antwort auf Johns Frage, die lautete: »Bei welcher Geldsumme kehren sich Pfund und Schillinge um, wenn die Summe durch zwei geteilt wird?«

Da beide Jungen die vom anderen gestellte Aufgabe nicht gelöst hatten, sollten sie sie nun selbst lösen. Pearse musste nun zugeben, dass es auf seine Frage tatsächlich keine Antwort gab. John Adams hingegen erklärte, die Lösung seiner Aufgabe sei 13 Pfund, 6 Schillinge. (Da in alter englischer Währung das Pfund 20 Schillinge hatte, ist die Hälfte dieses Betrags 6 Pfund, 13 Schillinge.) John wurde zum Sieger erklärt, aber Mr. Pearse schlug einen weiteren Wettbewerb vor, diesmal gegen den Dorflehrer. Johns Bruder George erinnerte sich später, dass John »sich wieder hervorgetan und bewiesen hat, dass er nicht nur mehr konnte als sein Rivale Pearse, sondern auch mehr als der Lehrer, der eine Gleichung vorlegte, die er selbst nicht zu lösen imstande war, aber John hat es zum Erstaunen seiner Freunde geschafft«.

Bald darauf entdeckte John sein Interesse für die Astronomie. Schon mit 14 Jahren zeichnete er selbst Sternkarten und las alles, was ihm über Mathematik und Astronomie in die Hände fiel. 1834 erhielt er Sir John Herschels Buch *Astronomy* als Schulpreis. (Zu dieser Zeit war John Herschel, der in die Fußstapfen seines Vaters getreten war, als einer der führenden Astronomen Großbritanniens bereits von König Wilhelm IV. in den Adelsstand erhoben worden.) Im darauf folgenden Jahr sah Adams zum ersten Mal einen Kometen und begann sich für die Berechnung von Umlaufbahnen zu interessieren. Auch beschäftigte er sich mit Sonnen- und Mondfinsternissen. Mit 16 Jahren sagte er den exakten Zeitpunkt voraus, zu dem eine bevorstehende Sonnenfinsternis in Lidcot zu sehen sein würde – eine äußerst komplizierte Berechnung. Außerdem nahm er selbst astronomische Messungen vor, markierte die Mittagspositionen von Schatten an einem Fensterbrett und stellte aus Pappe Instrumente her, mit denen er die Höhe der Sonne über dem Horizont maß.

Adams war beinahe ein reiner Autodidakt. Mathematik lernte er aus Büchern, und seine Methoden und Beweise erarbeitete er sich gern eigenständig. Häufig zog er es vor, selbst eine Lösung zu finden, als sich die Erklärung von jemand anderem zu holen. Zum Beispiel war er auch ein guter Sänger und Geiger, aber wie ein Tagebucheintrag aus seiner Jugend zeigt, beruhte sein Verständnis der Musiktheorie ganz auf Mathematik: »Heute Nachmittag ist mir durch mathematische Überlegungen zum ersten Mal die relative Länge der Schwingungen, welche die verschiedenen Töne und Halbtöne bilden, klar geworden, und so durchschaute ich auch das Geheimnis der Versetzungszeichen vor den Noten, die mir zuvor oft zu denken gaben.« Er wusste, dass es bei der Lösung schwieriger Probleme vor allem auf Ausdauer ankam. Zu seinem Bruder Thomas, der Schwierigkeiten mit Algebra hatte, sagte er einmal: »Auf die Aussaat folgt nicht sofort die Ernte.«

Im Jahr 1839 wurde Adams von einem Hilfspfarrer unterrichtet, der in Cambridge Mathematik studiert hatte. Im Oktober nahm er an der Aufnahmeprüfung der Universität teil und erhielt als »armer Stipendiat« einen Platz am St. John's College. Das hieß, er musste gegen eine geringe Ermäßigung der Studiengebühren gewisse Lehrverpflichtungen am College erfüllen. Dennoch war Johns Studium in Cambridge eine schwere finanzielle Belastung für seine Familie.

John Adams erwies sich als glänzender Student. Er besuchte täglich fünf Vorlesungen, sang gern und spielte auch Karten, obwohl seine Gedanken oft zu dem mathematischen Problem abschweiften, das ihn gerade beschäftigte. »Manchmal sah man ihm an den Augen an, dass er in Gedanken weit weg war, und dann wunderte man sich nicht, wenn er die einfachsten Spielregeln missachtete«, bemerkte ein Freund, mit dem Adams Whist spielte. Adams dachte immer erst gründlich über ein Problem nach, bevor er etwas zu Papier brachte. Seine Aufwartefrau erinnerte sich, dass sie ihn oft in Gedanken versunken auf dem Sofa liegen sah, ohne Bücher oder Papier in Reichweite. Den Sonntagabend verbrachte Adams gern mit Freunden am Trinity College bei einem charismatischen, einflussreichen Universitätslehrer namens Carus. Diese Besuche könnten aber noch in anderer Hinsicht inspirierend auf Adams gewirkt haben: In den Räumen von Carus hatte einst Isaac Newton gewohnt, und hier war auch dessen Hauptwerk entstanden, die *Principia Mathematica.*

Während des Studiums versuchte Adams, weitgehend auf seine astronomischen Zerstreuungen zu verzichten, die nichts mit seinem Abschluss zu tun hatten. Wie ein Tagebucheintrag Anfang 1841 zeigt, gelang ihm das nicht immer: »Heute habe ich meinen Plan völlig über den Haufen geschmissen und meine Zeit vor allem mit Astronomie vertan. Ich beschließe, dass meine astronomischen Amüsements von nun an meine regelmäßige Arbeit nicht mehr beeinträchtigen dürfen.« Zu Ostern desselben Jahres besuchte Adams die Universitätssternwarte und sah dort das großartige, äquatorial montierte Northumberland-Teleskop, eines der besten des Landes.

Und als er am 26. Juni in besagtem Buchladen auf Airys Bericht über den »Fortschritt in der Astronomie« stieß, von dem ungezogenen Verhalten des Uranus erfuhr und erkannte, dass sich hier ein zugleich mathematisches und astronomisches Problem stellte, das wie für ihn geschaffen schien, war seine künftige Laufbahn besiegelt.

Von diesem Tag an sprach Adams ganz offen über seinen Entschluss, das Rätsel zu lösen. Als ein Kommilitone ihn nach seinen Zukunftsplänen fragte, meinte er: »Weißt du, der Uranus ist weit von seiner Bahn abgekommen. Ich möchte herausfinden warum. Ich glaube, ich weiß warum.« Es sollte jedoch noch zwei Jahre dauern, bis sich Adams mit voller Aufmerksamkeit dem Problem widmen konnte.

1843 legte er sein Examen ab, den gefürchteten »mathematischen Tripos«, bestehend aus zwölf schriftlichen Prüfungen, die je drei Stunden dauerten; der Name des Examens leitete sich von dem dreibeinigen Hocker ab, auf dem die Prüflinge traditionell saßen. Der Tripos versetzte selbst die besten Studenten in Angst und Schrecken. Das Ergebnis wurde in Form einer Liste bekannt gegeben, auf der alle Mathematikstudenten eines Jahrgangs in der Reihenfolge ihrer Leistung aufgeführt waren; ganz oben stand der

John Couch Adams

Kandidat mit der besten Note (der so genannte »Senior Wrangler«), ganz unten der Student, der am schlechtesten abgeschnitten hatte (der »Wooden Spoon«).

Trotz seiner Bescheidenheit galt Adams bald als Anwärter für die Position des Senior Wrangler. Einer seiner Kommilitonen in St. John's hielt über seine Erscheinung fest: »... eher klein, hat einen raschen Gang und trägt einen abgetragenen dunkelgrünen Mantel.« Dessen ungeachtet genoss Adams aufgrund seiner mathematischen Fähigkeiten Respekt. »Der leichtlebigste und eitelste Mensch hätte sich gegen Adams höflich gezeigt, denn man traute ihm zu, Senior Wrangler zu werden ... die Leute wetteten auf ihn wie auf ein Rennpferd.« Adams selbst beurteilte seine Chancen mit der ihm eigenen Zurückhaltung. Ballard, dem Pförtner des College, versicherte er, es sei keineswegs sicher, dass er die Prüfung als Senior

Wrangler bestehen würde, und er warnte ihn, lieber nicht zu hoch auf ihn zu setzen.

Schließlich erwies sich aber doch, dass Adams den anderen Mathematikern seines Jahrgangs haushoch überlegen war. Einer von ihnen schildert: »Im Tripos-Examen fiel mir auf, dass, während alle anderen fleißig schrieben, Adams eine Stunde lang nur die Fragen durchsah und kaum etwas zu Papier brachte. Danach schrieb er geschwind die bereits im Kopf errechneten Lösungen nieder, und als er fertig war, verschlug es den Prüfern praktisch die Sprache.« Adams erreichte über 4000 Punkte, mehr als doppelt so viel wie der zweitbeste Student. Der frisch gebackene Senior Wrangler erhielt ein paar Wochen später den First Smith's Prize, die begehrteste mathematische Auszeichnung, die Cambridge zu vergeben hatte. Nachdem sich Adams nun seine ersten akademischen Lorbeeren verdient hatte, konnte er sich endlich seiner Herzensangelegenheit widmen: der Suche nach einer Erklärung für das ungehörige Benehmen des Uranus.

Als Adams sich im Sommer 1843 daheim in Lidcot an die Arbeit machte, hatten die Astronomen schon längst die Hoffnung aufgegeben, dass Bouvards Planetentafeln noch irgendwelche brauchbaren Vorhersagen liefern würden. 1837 hatte Airy von der »beängstigenden« Diskrepanz zwischen dem in den Tafeln angegebenen und dem tatsächlich beobachteten Längengrad gesprochen. Und diese Diskrepanz wuchs: Anfang der dreißiger Jahre des 18. Jahrhunderts lag sie noch bei allerdings auch schon untragbaren 30 Bogensekunden, 1838 bereits bei 50 und 1841 bei 70 Bogensekunden. Hinzu kam, dass, wie Airy gezeigt hatte, auch die Vorhersagen über den Radiusvektor des Planeten falsch waren.

Es stand also außer Frage, dass Bouvards Tafeln wenig taugten. Aber bevor Adams sich dem eigentlichen Problem zuwandte, musste er die Möglichkeit ausschließen, dass die Abweichungen der Planetentafeln auf den von Bouvard verwendeten Formeln beruhten. Falls Bouvard zum Beispiel die Theorie der Bahnstörungen falsch angewendet hatte, wäre damit auch erklärt, warum seine Tafeln nicht mit den Beobachtungen übereinstimmten. Deshalb untersuchte Adams die Bahn des Uranus wesentlich genauer, als es Bouvard jemals getan hatte, und berücksichtigte dabei auch spezielle mathematische Sachverhalte, die Bouvard für nebensächlich gehalten hatte. Außerdem bezog Adams die Tatsache mit ein, dass die Masse des Jupiter inzwischen genauer bestimmt werden konnte als 20 Jahre zuvor. Dennoch stellte er fest, dass die Bewegung des Uranus auch im Vergleich zu den leicht korrigierten Werten Bouvards eindeutige Anomalien aufwies.

Nun war die Zeit reif, um jene Berechnung anzupacken, an der bisher jeder Mathematiker gescheitert war, der den Versuch gewagt hatte: die Bestimmung der Position und der Bahneigenschaften eines noch unentdeckten Planeten, der vielleicht für die Anomalien der Uranusbahn verantwortlich war. Im Wesentlichen handelte es sich dabei um eine Umkehrung der Gravitationseinflüsse. Den Astronomen war bekannt, wie man die Abweichung eines Himmelskörpers (etwa des Saturn) aus seiner Bahn infolge der Anziehungskraft eines anderen Himmelskörpers (zum Beispiel des Jupiter) berechnet. Da Masse und Bahn des Jupiter bekannt waren, stellte die Berechnung seiner Auswirkungen auf den Saturn kein größeres Problem dar. Anschließend zog man diesen Wert von der beobachteten Bewegung des Saturn ab und erhielt so eine störungsfreie Ellipsenbahn, auf der er um die Sonne wandern würde, wenn es den Jupiter nicht gäbe. Sobald die »echte« Ellipse als Grundlage ermittelt war, konnte der Gravitationseinfluss durch den Jupiter wieder berücksichtigt und die Position des Saturn mit erstaunlicher Präzision vorhergesagt werden.

Aber im Fall des Uranus stellte sich das Problem andersherum. Wenn Adams Recht hatte, wurde er nicht nur von Jupiter und Saturn gestört, deren Masse und Bahn bekannt waren, sondern auch von einem Planeten mit unbekannten Eigenschaften. Daher war es unmöglich die Bahnstörungen von der beobachteten Bewegung abzuziehen und die echte Ellipse abzuleiten. Die echte Ellipse konnte aber nur berechnet werden, wenn man die Gravitationswirkung des unentdeckten Planeten kannte; und diese war wiederum nur zu ermitteln, wenn die echte Ellipse bekannt war. Hier stellte sich also mathematisch die Frage nach der Henne und dem Ei, und Adams blieb nichts anderes übrig, als beide Probleme gleichzeitig zu lösen.

Adams beschloss, sich zunächst einmal eine vereinfachte Version des Problems vorzunehmen: Er nahm an, der unentdeckte Planet folge einer perfekten Kreisbahn, und zwar in dem Abstand zur Sonne, den das Bodesche Gesetz voraussagte, also dem Doppelten des durchschnittlichen Abstands des Uranus. Diese beiden Annahmen erleichterten die Berechnung und ermöglichten Adams zu überprüfen, ob er auf dem richtigen Weg war. Er hatte vor, ein mathematisches Experiment durchzuführen und zu berechnen, welche Auswirkungen dieser bloß angenommene Planet auf die Bewegung des Uranus haben könnte. Würde er jene launenhaften Abweichungen hervorrufen, wie sie Astronomen über viele Jahre beobachtet hatten? Wenn ja, konnte Adams anschließend seine Berechnungen verfeinern und die exakten Eigenschaften des Störenfrieds ermitteln.

Johns Bruder George achtete darauf, dass ihm bei der Arbeit keine arithmetischen Flüchtigkeitsfehler unterliefen. In seinen Erinnerungen – *Reminiscences of Our Family* –, die viele Jahre später erschienen, schrieb er: »Oft kam es vor, dass ich Nacht für Nacht mit ihm in unserem kleinen Wohnzimmer in Lidcot saß, wenn alle anderen schon zu Bett gegangen waren. Ich sah ihm über die Schulter und achtete darauf, dass er seine Zahlen korrekt abschrieb, addierte und subtrahierte, um ihm die Mühe zu ersparen, alles zweimal durchzurechnen. Bevor unsere liebe Mutter, die von der schweren Arbeit erschöpft war, zu Bett ging, bereitete sie an solchen Abenden Milch und Brot für unser Nachtmahl vor. Ich sollte die Milch warm machen, wenn wir Hunger hatten, und dann aßen wir gemeinsam. Oft war ich müde und sagte: ›Zeit fürs Bett, John.‹ Er antwortete dann: ›Noch einen Augenblick‹ und arbeitete weiter,

blind für die Welt außerhalb seiner Berechnungen. Wenn er damals
auf der Laneast Down spazieren ging, oft in meiner Begleitung, war
er gedanklich ganz in seine Arbeit vertieft. Hin und wieder machte
ich ihn auf irgendetwas aufmerksam und bekam sogar eine Antwort, aber gleich war er wieder bei seinen Berechnungen.«

Adams war sich darüber im Klaren, dass er mit seiner Arbeit mathematisches Neuland betrat. Wenn ihm sein Vorhaben gelang,
würde er als der Mann in die Geschichte eingehen, der einen Planeten entdeckt hatte, ohne auch nur einen Blick durch ein Teleskop
geworfen zu haben. Als die Sommerferien im Oktober 1843 zu
Ende gingen, war er nach wochenlangen Berechnungen zu einer
vorläufigen Schlussfolgerung gelangt: Die Bewegung des Uranus
war tatsächlich kompatibel mit der Bahnstörung durch einen großen Planeten, der in doppeltem Abstand von der Sonne seine Bahn
zog. Adams musste aber noch die genauen Eigenschaften dieses
Planeten und seine Position am Himmel berechnen. Doch seine
Überzeugung, dass dieser Planet existierte, war nun nicht mehr zu
erschüttern.

Als Adams im Herbst nach Cambridge zurückkehrte, musste er
seine astronomische Arbeit erst einmal zurückstellen und sich auf
seine Lehrverpflichtung am College konzentrieren. Eine weitere
Ablenkung bot das Erscheinen eines Kometen im November 1843.
Er war von Professor James Challis entdeckt worden, Airys Nachfolger als Direktor des Observatoriums von Cambridge. Challis
kannte Adams und wusste, wie sehr er sich für Bahnberechnungen
interessierte. Deshalb bat er Adams, anhand seiner Beobachtungsdaten die Kometenbahn zu berechnen.

Adams stellte fest, dass der Komet auf seiner Bahn sehr nahe an
den Jupiter herangekommen war, und meinte, dabei müsse der Komet »sehr starken Gravitationseinflüssen ausgesetzt gewesen sein,
die den Charakter seiner Bahn erheblich verändert haben könnten«. Seine Ergebnisse erschienen im Januar 1844 im Monatsbericht

der Royal Astronomical Society. Kurze Zeit später zeigte sich, dass sie in enger Übereinstimmung mit ähnlichen Berechnungen des französischen Astronomen Urbain Jean-Joseph Le Verrier standen. Dies war der erste von mehreren Anlässen, bei denen sich die Wege von Adams und Le Verrier kreuzen sollten.

Im folgenden Monat bat Adams Challis seinerseits um einen Gefallen. Um seine Untersuchung des Uranus fortsetzen zu können, brauchte er so viele Beobachtungsdaten wie irgend möglich. Die richtige Adresse dafür war das Royal Greenwich Observatory, das für Sorgfalt und Genauigkeit bekannt war. Statt aus heiterem Himmel an den Königlichen Astronomen zu schreiben, bat Adams Challis, sich für ihn zu verwenden und um die Informationen zu bitten. Challis, der 1825 selbst Senior Wrangler gewesen war, erklärte sich sofort bereit, seinem vielversprechenden Schützling zu helfen, und schrieb den Brief.

»Ein junger Freund von mir, Mr. Adams vom St. John's College«, schrieb er an Airy, »arbeitet an einer Theorie des Uranus.« Challis erklärte, Adams brauche weitere Daten, um seine Theorie weiterzuentwickeln, und interessiere sich vor allem für Beobachtungen des Uranus aus den Jahren 1818 bis 1826. Der stets bestens vorbereitete Airy antwortete sofort und lieferte alle verfügbaren Beobachtungen von 1754 bis 1830. Challis schrieb darauf: »Ich möchte meinen verbindlichsten Dank dafür aussprechen, dass Sie eine so vollständige Auflistung der Abweichungen des Uranus geschickt haben. Mr. Adams hätte es nicht gewagt, um mehr als die Abweichungen von zehn Jahren zu bitten. Die Liste, die Sie geschickt haben, liefert ihm das nötige Material, die von ihm ausgeführten Forschungen in erfolgreichster Weise fortzuführen.«

Adams besaß nun genügend Daten, um eine detailliertere Analyse des Problems durchzuführen. Noch einmal verbrachte er einen ganzen Sommer über seinen Berechnungen. Im Herbst 1844 hatte Adams seinen Schlachtplan ausgearbeitet.

Die Diskrepanzen zwischen den beobachteten und den berechneten Positionen des Uranus, so vermutete er, hatten zwei verschie-

dene Ursachen: zum einen den Einfluss eines unentdeckten Planeten und zum anderen die Tatsache, dass Bouvards echte Ellipse für
den Uranus (die Bahn, auf der er um die Sonne wandern würde,
wenn keine Nachbarplaneten existierten) falsch war. Adams leitete
eine Gleichung ab, die ausdrückte, in welchem Verhältnis die Eigenschaften des unentdeckten Planeten und die erforderlichen
Korrekturen an der echten Ellipse des Uranus zu den Bahnabweichungen des Uranus standen. Die Gleichung war jedoch so kompliziert, dass sie eine ganze Seite füllte.

Adams ging nun von zwei Annahmen aus: dass der unentdeckte Planet sich auf einer Ellipse (und nicht auf einer Kreisbahn) bewege und dass sein durchschnittlicher Abstand zur
Sonne doppelt so groß sei wie der des Uranus. Mit der zweiten
Annahme, die auf dem Bodeschen Gesetz beruhte, war er nicht
ganz glücklich, aber er hatte festgestellt, dass das gesamte Problem
mathematisch nicht zu lösen war, wenn er nicht einen Wert für die
mittlere Entfernung des Planeten schätzte. Das rührt daher, dass
über einen kurzen Zeitraum die Bahnstörung durch einen weiter
entfernten, größeren Planeten kaum von der eines näheren, weniger schweren Planeten zu unterscheiden ist. Statt mit einer unend-
lichen Zahl möglicher Planeten zu arbeiten, entschloss sich
Adams, zunächst eine Vermutung über die Entfernung des Planeten zugrunde zu legen und sie dann später, wenn nötig, entsprechend anzugleichen.

Doch ehe er die Sache weiterverfolgen konnte, forderte ein neuer
Komet seine ganze Aufmerksamkeit. Challis hatte ihn seit seiner
Entdeckung im Auge behalten und seine Beobachtungen an Adams
weitergereicht, damit er die Umlaufbahn berechnen konnte. Diesmal war Challis vor allem darauf erpicht, den Franzosen zuvorzu-
kommen. Da keine Zusammenkunft der Astronomical Society in
London (die 1830 zur Royal Astronomical Society geworden war)
bevorstand, konnte Adams seine Ergebnisse nur in der *Times*
veröffentlichen. Sie erschienen schließlich in der Ausgabe vom
15. Oktober. Aber er musste bald feststellen, dass Le Verrier ihm

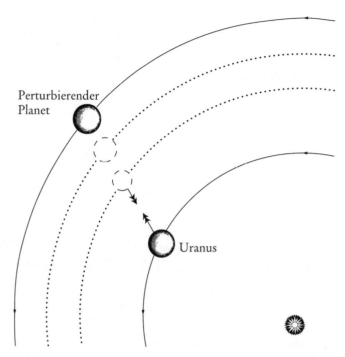

Perturbierender
Planet

Uranus

Die Anziehungskraft eines perturbierenden Planeten nimmt proportional
zur Masse des Planeten zu und ungekehrt proportional zum Quadrat
seiner Entfernung ab. Deshalb kann über einen kurzen Zeitraum ein
großer, weit entfernter Planet dieselbe Bahnstörung bewirkten wie ein
kleinerer, näher gelegener Planet.

um eine Nasenlänge voraus war. Er hatte seine annähernd gleichen
Ergebnisse in Frankreich bereits bekannt gemacht.

Aufgrund seiner Pflichten am College in Cambridge konnte sich
Adams erst im Sommer 1845 wieder der Suche nach dem geheimnisvollen Planeten widmen. Im Juni besuchte er die Jahresversammlung der British Association, einer wichtigen Wissenschafts-
konferenz, auf der er (wie er seinem Bruder George schrieb) »das
Vergnügen hatte, zum ersten Mal einige unserer größten Wissenschaftler zu sehen«, unter anderem Sir John Herschel und George
Airy. Sich in einem Raum mit diesen großen Astronomen aufzuhal-

ten (er war zu schüchtern, um sie anzusprechen), wirkte offenbar so inspirierend auf Adams, dass er sich dem Problem mit frischer Kraft zuwandte, denn ein paar Wochen später berichtete er von großen Fortschritten »bei der Ortsberechnung des vermuteten neuen Planeten«.

Die Durchführung der Berechnung war äußerst mühselig. In seinen Räumen im St. John's College, umgeben von Papierstapeln, begann Adams mit der Arbeit an seiner Gleichung, welche die Bahnabweichung des Uranus zu den unbekannten Eigenschaften des unentdeckten Planeten und den erforderlichen Berichtigungen der echten Ellipse des Uranus in Beziehung setzte. Dann verglich er die von Airy gelieferten Beobachtungsdaten mit Bouvards Tafeln und bestimmte so den exakten Wert der Diskrepanz für die Jahre 1780, 1783, 1786 und so weiter, das heißt für jedes dritte Jahr bis 1840. Anschließend setzte er für jedes dieser Jahre die jeweiligen Werte für die Abweichung ein, er rechnete seine Gleichung also 21-mal durch.

An diesem Punkt angelangt, lag die Lösung des Problems buchstäblich in Adams' Händen. Eine Gleichung allein reichte nicht aus, um die Eigenschaften des unentdeckten Planeten zu bestimmen, aber jede einzelne Gleichung grenzte den Bereich möglicher Antworten enger ein. Zusammengenommen führten die 21 Gleichungen zur Lösung, gemeinsam bargen sie die Erklärung für das seltsame Verhalten des Uranus. Es ging nur noch darum, ihnen auf geschickte Weise ihr Geheimnis zu entlocken.

Die ganze Angelegenheit wurde zusätzlich dadurch kompliziert, dass bereits von vornherein eine gewisse Ungenauigkeit der Gleichungen feststand, da sie ja auf astronomischen Beobachtungen beruhten, die nie ganz fehlerfrei sind. Glücklicherweise hatte Carl Friedrich Gauß in seinem Werk *Theoria Motus* dargelegt, wie man aus einer großen Zahl leicht ungenauer Daten die beste Lösung herausfiltert. Mithilfe der von Gauß entwickelten Methoden kämpfte sich Adams durch dieses mathematische Dickicht, und eines Tages, Ende September 1845, gelangte er schließlich zu einer Lösung: zu

$$c'' = \partial e + \partial x_1 \cos\{13°0.5'\}t + \partial x_2 \cos\{26°1.0'\}t$$
$$t\partial n + \partial y_1 \sin\{13°0.5'\}t + \partial y_2 \sin\{26°1.0'\}t$$
$$+ h_1 \cos\{8°24.6'\}t + h_2 \cos\{16°49.2'\}t + h_3 \cos\{25°13.8'\}t$$
$$+ k_1 \sin\{8°24.6'\}t + k_2 \sin\{16°49.2'\}t + k_3 \sin\{25°13.8'\}t$$
$$+ p_1 \cos\{4°36.0'\}t + p_2 \cos\{3°48.6'\}t + p_3 \cos\{12°13.2'\}t$$
$$+ q_1 \sin\{4°36.0'\}t + q_2 \sin\{3°48.6'\}t + q_3 \sin\{12°13.2'\}t$$

Adams' Gleichung. Die Diskrepanz (c") zwischen den beobachteten und den berechneten Positionen des Uranus hängt ab von 18 unbekannten Konstanten (∂_e, ∂x_1, ∂x_2, ∂_n, ∂y_1, ∂y_2, h_1, h_2, h_3, k_1, k_2, k_3, p_1, p_2, p_3, q_1, q_2, q_3) für 21 Werte von t, die je einem bestimmten Jahr entsprechen. Die 18 unbekannten Konstanten sind selbst Kombinationen der Unbekannten, die die Korrekturen zur echten Ellipse des Uranus und die Eigenschaften des gesuchten Planeten darstellen.

einer Reihe von Zahlen, welche die Korrekturen an der Uranusbahn und die Bahneigenschaften des unentdeckten Planeten darstellten.

Aber konnte diese Lösung tatsächlich die regelwidrige Bewegung des Uranus erklären und damit die Abweichungen zwischen den berechneten und den beobachteten Positionen beseitigen? Wieder griff Adams zur Feder und berichtigte die Umlaufbahn des Uranus mit Hilfe der durch seine Lösung ermittelten Korrekturen; dann berechnete er die Abweichungen neu und berücksichtigte diesmal die Anziehungskraft des unentdeckten Planeten. Wie er gehofft hatte, schwanden die Abweichungen dahin. Sie schrumpften von untragbaren 90 auf ein bis zwei Bogensekunden. Um ganz sicher zu gehen, dehnte Adams seine Berechnungen der Position des Uranus auf die Vergangenheit aus, um zu überprüfen, ob seine Lösung auch von den Beobachtungen vor 1781 gestützt wurde, die Bouvard außer Acht gelassen hatte. Begeistert stellte er fest, dass er auch hier die richtigen Werte errechnet hatte.

Adams hatte sein Ziel erreicht: Er hatte gezeigt, dass die regelwidrige Bewegung des Uranus tatsächlich durch die Annahme eines bisher unentdeckten Planeten erklärt werden konnte. Und dieser Planet konnte schon jetzt gewissermaßen nicht länger als unentdeckt gelten. Adams hatte ihn auf seinen mit Berechnungen gefüllten Seiten aufgespürt. Und da er nun die Eigenschaften der Umlaufbahn des Planeten kannte, konnte er dessen Position am Himmel bestimmen.

Die Planeten bewegen sich durch die Sternbilder des Tierkreises und entfernen sich dabei nie allzu weit von einer gedachten Linie, der Ekliptik, die durch diese Zone verläuft. Um die Position eines Planeten am Himmel anzugeben, braucht man im Grunde nur seine Position auf der Ekliptik zu nennen – seinen Längengrad. Nach Adams' Berechnung betrug der Längengrad des unentdeckten Planeten relativ zur Sonne am 1. Oktober 1845 genau 326,5 Grad. Damit befand er sich im Sternbild des Wassermanns, nicht weit von der Grenze zum Nachbarsternbild Steinbock.

Nachdem Adams nachgewiesen hatte, wo sich der Planet versteckt hielt, beschloss er, Airy persönlich aufzusuchen und ihn zu bitten, die Planetensuche mit dem Teleskop zu organisieren. Wieder wandte er sich an Challis, der ihm ein Empfehlungsschreiben an Airy mitgab, datiert vom 22. September: »Mein Freund Mr. Adams (der Ihnen wahrscheinlich diesen Brief persönlich überbringen wird) hat seine Berechnungen hinsichtlich der Perturbation der Umlaufbahn des Uranus durch einen vermuteten äußeren Planeten abgeschlossen und Ergebnisse erzielt, die er Ihnen gern persönlich mitteilen würde, wenn Sie ein paar Augenblicke Ihrer kostbaren Zeit dafür opfern könnten. Seine Berechnungen beruhen auf den Beobachtungen, die Sie ihm freundlicherweise vor einiger Zeit zur Verfügung gestellt haben; und aufgrund seines Rufs als Mathematiker und seiner praktischen Erfahrung nehme ich an, dass seine Schlussfolgerungen aus seinen Voraussetzungen völliges Vertrauen verdienen. Falls er nicht das Glück haben sollte, Sie persönlich in Greenwich anzutreffen, hofft er darauf, Ihnen in dieser Angelegenheit schreiben zu dürfen.«

Ungeachtet dieser uneingeschränkten Empfehlung lehnte es

Sternkarte mit Adams' Vorhersage für die Position des unsichtbaren Planeten. Die Linie, die so genannte Ekliptik, zeichnet den Weg nach, dem die Planeten durch den Tierkreis folgen.

Challis jedoch ab, selbst nach dem Planeten zu suchen, obwohl ihm Adams seine Position angegeben hatte. Das leistungsstarke Northumberland-Teleskop hätte einen Planeten mit den von Adams ermittelten Eigenschaften zweifellos entdecken können. Nach seinen Berechnungen betrug die Masse des Planeten das Zwei- bis Dreifache der Masse des Uranus, also wäre der neue Planet, obwohl er doppelt so weit entfernt war, mindestens halb so groß erschienen und seine Scheibe wäre deutlich von einem Stern zu unterscheiden gewesen. Adams überließ Challis sogar eine Abschrift seiner Ergebnisse, einschließlich der vermuteten Position des Planeten und einer Helligkeitsschätzung. Was Adams damit bezweckte, war offensichtlich, aber er scheute sich, Challis mit klaren Worten zu bitten, nach dem Planeten zu suchen. Später schrieb er, er »konnte nicht damit rechnen, dass praktische Astronomen, die ohnehin voll und ganz mit wichtigen Arbeiten beschäftigt waren, so großes Vertrauen in meine Ergebnisse setzen würden, wie ich selbst es tat«.

Diese Einschätzung war völlig zutreffend. Challis erklärte später, er habe gezögert, nach dem Planeten Ausschau zu halten, weil es ein »so neuartiges Unterfangen [war], aufgrund rein theoretischer Schlussfolgerungen Beobachtungen vorzunehmen, und während damit gewiss viel Arbeit verbunden war, erschien doch der Erfolg zweifelhaft«. Tatsächlich war noch kein Astronom in der Geschichte zu einem Unternehmen aufgefordert worden, wie Adams es anregte: an einem bestimmten Ort zu suchen, und zwar in der Erwartung, ein Objekt zu sehen, dessen Existenz ausschließlich auf der Basis der Gravitationstheorie abgeleitet worden war. Deshalb überließ Challis die Entscheidung, was weiter unternommen werden sollte, seinem Kollegen Airy.

Adams traf Ende September in Greenwich ein, hatte es aber versäumt, zuvor einen Gesprächstermin mit Airy zu vereinbaren. Enttäuscht musste er feststellen, dass der Königliche Astronom gerade in Frankreich weilte, wo er an einer Konferenz der Akademie der Wissenschaften teilnahm. Er hinterließ den Brief von Challis und setzte seine Reise nach Cornwall fort, wo er ein paar Wochen Ferien machte. Bei seiner Rückkehr las Airy den Brief und schrieb mit der Bitte an Challis, »Mr. Adams zu sagen, dass ich am Gegenstand seiner Untersuchungen überaus interessiert bin und mich freuen würde, brieflich mehr darüber erfahren zu können«.

Adams, der seine Sache unbedingt persönlich vortragen wollte, beschloss, noch einmal in Greenwich vorstellig zu werden. Bevor er sich auf den Weg machte, schrieb er eine kurze Zusammenfassung seiner Ergebnisse. »Meinen Berechnungen zufolge können die beobachteten Unregelmäßigkeiten der Bewegung des Uranus erklärt werden, wenn man die Existenz eines äußeren Planeten annimmt, dessen Masse und Umlaufbahn sich wie folgt darstellen«, schrieb er und fügte eine detaillierte Beschreibung des neuen Planeten hinzu. Außerdem legte er eine Tabelle bei, die zeigte, dass die

Abweichungen der berechneten Position des Uranus unbedeutend wurden, wenn man den neuen Planeten berücksichtigte.

Am 21. Oktober 1845, einem frischen klaren Herbsttag, durchquerte Adams den Greenwich Park und ging die Anhöhe hinauf zur Sternwarte, wo er gegen drei Uhr nachmittags eintraf. Wieder hatte er seinen Besuch nicht angekündigt, und als er nach Airy fragte, sagte man ihm, er sei ausgegangen. Adams kündigte an, er werde später noch einmal vorbeikommen, und hinterließ seine Visitenkarte sowie die Zusammenfassung seiner Ergebnisse, die er auf einem Blatt Papier notiert und dreimal zusammengefaltet hatte – eine zugegebenermaßen eigenartige Ankündigung für einen neuen Planeten. Adams ging eine Stunde lang spazieren und sprach etwa um vier Uhr noch einmal in der Sternwarte vor. Aus irgendeinem Grund hatte man Airy nicht mitgeteilt, dass Adams wiederkommen wolle, und da die Familie Airy auf Anweisung von Airys Arzt bereits um halb vier das Abendessen einnahm, erfuhr Adams vom Butler, Mr. Airy sei bei Tisch und könne nicht gestört werden.

Bescheiden und zurückhaltend wie er war, bestand Adams natürlich nicht darauf, vorgelassen zu werden. Vielleicht war er auch verletzt, weil er seine Absicht, später noch einmal vorbeizukommen, kundgetan und Airy ihm noch nicht einmal eine kurze Nachricht hatte zukommen lassen. Adams machte auf dem Absatz kehrt und fuhr zurück nach Cambridge. Nachdem er so seine Ergebnisse in die Hände des wichtigsten Astronomen des Landes gelegt hatte, hoffte er, Airy werde alsbald dafür sorgen, dass ein hinreichend starkes Teleskop auf den richtigen Himmelsabschnitt gerichtet wurde, um den Planeten aufzuspüren.

Doch Adams hoffte vergebens. Denn wie er seinem Bruder Thomas erklärt hatte, folgt die Ernte nicht sofort auf die Aussaat.

Kapitel 6
Der Meistermathematiker

Astronomie ist vor allem die Wissenschaft von der Ordnung der Dinge.

George Airy

Für einen Menschen, der so besessen von der Ordnung und Regelmäßigkeit war wie Airy, musste der Oktober 1845 eine schwere Prüfung darstellen. Als er Ende September aus Frankreich zurückkam, erwartete ihn ein ganzer Berg Korrespondenz. Seine Frau Richarda stand kurz vor der Geburt ihres neunten Kindes, und da frühere Entbindungen nicht ohne Komplikationen verlaufen waren, gab ihm das Anlass zu großer Sorge. Auch seine Tätigkeit für die Kommission, die sich mit der Spurweite der Eisenbahn beschäftigte, nahm ihn stark in Anspruch. Doch die schlimmste Belastung wurde ein Verdacht gegen einen seiner Angestellten, der ein furchtbares Verbrechen begangen haben sollte.

Man behauptete, William Richardson, der 28 Jahre lang Angestellter des Observatoriums gewesen war, habe ein Kind mit seiner eigenen Tochter gezeugt, es nach der Geburt mit Arsen vergiftet und in seinem Garten vergraben. Am 27. Oktober verzeichnet Airys Tagebuch: »Einen sehr schwerwiegenden Vorwurf des Inzests gegen Mr. Richardson untersucht und ihn von seinem Amt entbunden.« Richardson wurde umgehend von der Polizei in Untersuchungshaft genommen.

Als die Zeitungen von der Sache erfuhren, ließen sie keine Gelegenheit aus, die Diskrepanz zwischen der respektablen Stellung, die Richardson als Angestellter der Sternwarte innegehabt hatte, und seinem schrecklichen Verbrechen herauszustreichen. Sogar die

Times bezog sich mehrmals auf Richardson als »den früheren Assistenten von Professor Airy von der königlichen Sternwarte« und machte ihm so implizit den Vorwurf, nicht bemerkt zu haben, dass er tagtäglich Umgang mit einem Mörder hatte. Das war ungerechtfertigt, denn schließlich war es ja Airy selbst gewesen, der Richardson entlassen und die Sache zur Anzeige gebracht hatte. Trotzdem war die Aussicht auf einen wochenlangen Prozess, begleitet von Sensationsberichten in der Presse, die den ehrenwerten Namen der königlichen Sternwarte in den Schmutz ziehen würden, keine erbauliche Vorstellung für den Königlichen Astronomen, der jahrelang an der Wiederherstellung des Rufs seines Observatoriums gearbeitet hatte. (Richardson wurde schließlich mangels Beweisen freigesprochen, allerdings erst im darauf folgenden Mai.)

Inmitten all dieser Aufregung fand Airy dennoch die Zeit, auf die Nachricht von Adams zu reagieren, allerdings erst zwei Wochen, nachdem er sie erhalten hatte. Sein Antwortschreiben, datiert vom 5. November, klang vorsichtig; er schloss sich Adams Folgerungen nicht sogleich an, sondern verlangte zunächst Auskunft über weitere Einzelheiten.

Gleich eine ganze Reihe von Gründen veranlassten Airy zur Skepsis. Zunächst hatte er zuvor die Meinung vertreten, die Unregelmäßigkeiten in der Bahn des Uranus könnten auch ohne die Annahme eines unbekannten Planeten mittels einer genaueren Analyse des Einflusses durch den Saturn erklärt werden. Und selbst wenn es da tatsächlich einen weiteren Planeten gab, so waren doch in Airys Augen die Berechnungen, die Adams angestellt hatte – insbesondere die seiner Position –, ganz und gar unmöglich. Damit war allein schon die Tatsache, dass Adams eine solche Voraussage wagte, ein Affront gegen die Ansichten, die Airy öffentlich vertreten hatte.

Da Adams keine Gelegenheit gehabt hatte, Airy seine Arbeit persönlich vorzustellen und diesem also nur das Endergebnis anstatt der kompletten Analyse vorlag, entging Letzterem, wie detailliert seine Berechnungen waren. Für Airy sah es so aus, als hätte

Adams die Daten des angeblichen Planeten mehr erraten als aus den Bahnabweichungen des Uranus errechnet. Und selbst wenn er sie tatsächlich von Grund auf kalkuliert hatte, so hielt es Airy doch immer noch für möglich, dass ihn ein Rechenfehler zu einer falschen Schlussfolgerung veranlasst hatte.

Eine Möglichkeit sah Airy jedoch, wie er die Zuverlässigkeit von Adams Berechnungen überprüfen konnte. Die fehlerhaften Planetentafeln Bouvards gaben den Längengrad und den Radiusvektor (den Abstand des Planeten von der Sonne) für den Uranus an, und während sich die meisten Astronomen mit der Ungenauigkeit des vorausgesagten Längengrads beschäftigt hatten, bemühte sich Airy vor allem nachzuweisen, dass auch Bouvards Angaben über den Radiusvektor fehlerhaft waren. Die Frage war also: Konnte Adams' neuer Planet auch die Abweichungen im Radiusvektor des Uranus erklären? Dies würde seiner Voraussage viel mehr Gewicht geben.

»Ich danke Ihnen sehr für das Schriftstück mit den Berechnungsergebnissen, das Sie mir vor einigen Tagen zukommen ließen, in dem es um die Ablenkung des Uranus durch einen Planeten mit gewissen angenommenen Eigenschaften geht«, schrieb Airy an Adams. »Besonders interessieren würde mich jedoch, ob diese Ablenkung auch die Abweichungen im Radiusvektor des Uranus erklären kann. Diese Abweichung ist inzwischen sehr groß.«

Für Adams war das eine banale Frage. Er sah eine ganz einfache Erklärung für diese Abweichungen im Radiusvektor: Bouvards Bahnberechnung war falsch, weil sie den Einfluss des unsichtbaren Planeten außer Acht ließ. Und wenn die Bahnberechnung falsch war, dann waren natürlich auch die Angaben für den Längengrad und den Radiusvektor falsch. Während also die Frage des Radiusvektors für Leute, die wie Airy die Existenz eines bislang unsichtbaren Planeten leugneten, von zentraler Bedeutung war, schien sie Adams, der fest an diesen Planeten glaubte, belanglos.

Als er Airys Brief erhielt, hatte Adams gerade damit begonnen, seine Voraussage durch eine zweite Berechnung zu präzisieren. Er war nach wie vor unzufrieden damit, dass er seine Berechnungen auf die aus dem Bodeschen Gesetz abgeleitete Voraussetzung gestützt hatte, der neue Planet müsse doppelt so weit von der Sonne entfernt sein wie der Uranus. Ob sich wohl durch die Annahme eines anderen Werts der Fehler verringern und die Position des gesuchten Planeten genauer abschätzen ließen? Adams machte sich daran, seine Berechnungen mit einem etwas kleineren Bahnradius für den neuen Planeten zu wiederholen. Sobald er diese Arbeit abgeschlossen hatte, wollte er an Airy schreiben.

Airy wunderte sich, dass er auf seinen Brief nicht gleich Antwort erhielt. Möglicherweise nahm er an, Adams habe aufgrund seiner Nachfrage einen schwerwiegenden Fehler in seinen Berechnungen entdeckt. Wie auch immer, niemand richtete ein Fernrohr auf die Stelle des Himmels, wo der neue Planet zu erwarten war. Adams Voraussage verstaubte irgendwo zwischen Airys Papieren.

Unterdessen begannen sich auch Astronomen in Frankreich wieder für den Uranus zu interessieren. Im Herbst 1845, als Adams gerade dabei war, seine erste Berechnung zu beenden, präsentierte Eugène Bouvard neue Planetentafeln mit der Position des Uranus der Académie des sciences in Paris. Diese Tafeln waren das Ergebnis eines ganzen Jahrzehnts mühevoller Arbeit. Er hatte sie auf Geheiß seines 1843 verstorbenen Onkels Alexis Bouvard angefertigt, der 20 Jahre zuvor die unglückseligen Tafeln mit den falschen Planetenpositionen erstellt hatte. Anders als die Originalberechnungen seines Onkels, die alle Beobachtungen des Uranus von vor 1781 außer Acht gelassen hatten – eine sehr umstrittene Maßnahme –, berücksichtigte Eugène auch einige wenige Daten aus der Zeit vor der Entdeckung des Planeten. Allerdings waren sie noch immer, wie er selbst zugab, hochgradig ungenau, gingen sie doch davon aus, dass einige der neueren Beobachtungen einen Fehler von immerhin 15 Bogensekunden aufweisen sollten, was im Grunde völlig unwahrscheinlich war. François Arago, als Direktor der Pariser Sternwarte Airys französischer Amtskollege, fasste den Entschluss, der Sache auf den Grund zu gehen. Und er hatte einen Mann im

Auge, dem er zutraute, mit dem ungebärdigen Planeten zurande zu kommen: Urbain Jean-Joseph Le Verrier.

Le Verrier war der Komet am Himmel der französischen mathematischen Astronomie. 1811 in Saint-Lô in der Normandie geboren, zeigte er früh Begabung für Mathematik und erhielt ein Stipendium der angesehenen École Polytechnique in Paris. Nach dem Abschluss seiner Doktorarbeit begann er seine wissenschaftliche Karriere mit Forschungen in der Chemie, wo er bald beachtliche Erfolge erzielte. In seiner Freizeit jedoch befasste er sich weiterhin mit Mathematik und mathematisch orientierter Astronomie. Im Jahr 1837, als zwei Dozentenstellen an der École Polytechnique zu besetzen waren – eine in Chemie und eine in Astronomie –, wurde Le Verrier zu seiner eigenen Überraschung durch Vermittlung seines Förderers, des Chemikers Joseph-Louis Gay-Lussac, diejenige für Astronomie angetragen. (Gay-Lussac hatte für Chemie einen anderen Kandidaten vorgesehen und glaubte, dass sich Le Verrier auch als Astronom bewähren würde.) Eine Berufung an die École Polytechnique war eine große Ehre, und Le Verrier nahm ohne Zögern an. An seinen Vater schrieb er: »Es geht mir nicht nur um die Stelle, es geht auch darum, meine Kenntnisse zu erweitern. Nun habe ich bereits eine Sprosse der Leiter erklommen – warum sollte ich nicht höher steigen?« Der ehrgeizige junge Mann gab die Chemie auf und wurde praktisch über Nacht Astronom.

Nachdem er in sein neues Amt eingeführt war, sah sich Le Verrier nach einem Problem um, an dem er seine Fähigkeiten beweisen konnte. Im Jahr 1832 hatte er bereits eine Arbeit über Sternschnuppen veröffentlicht, doch jetzt brauchte er ein gewichtigeres Projekt. Er musste nicht lange suchen: Sein erster Husarenstreich in der Himmelsmechanik war eine meisterhafte Studie über die Langzeitstabilität des Sonnensystems. Bereits im 18. Jahrhundert hatte, wie bereits in Kapitel 3 erwähnt, der französische Mathematiker Laplace nachgewiesen, dass die Bahnen der Planeten aufgrund gegenseitiger Anziehung, der Perturbation, leichten Schwankungen unterworfen sind, das Sonnensystem als Ganzes jedoch als stabil

Urbain Jean-Joseph Le Verrier

anzusehen ist: Die Abweichungen sind viel zu gering, als dass ein Planet in den Weltraum hinausgeschleudert werden oder in die Sonne stürzen könnte. Le Verrier machte sich nun daran, der Frage nachzugehen, wie stark diese Bahnschwankungen waren und mit welcher Geschwindigkeit sie sich vollzogen.

1840 veröffentlichte er eine Arbeit, in der er die langsame Neigungs- und Driftbewegung der Bahnen der inneren Planeten (Merkur, Venus, Erde, Mars) in Intervallen von 20 000 Jahren in einem Zeitraum von 100 000 v. Chr. bis 100 000 n. Chr. berechnete. In einer weiteren Arbeit analysierte er auf ähnliche Weise die äußeren Planeten (Jupiter, Saturn und Uranus). 1844 präsentierte er der Académie des sciences eine Arbeit über Kometenbahnen, die sich besonders mit dem Einfluss des Jupiters beschäftigte, der Kometen nicht nur ablenken, sondern sie auch zum Absturz bringen konnte.

Durch diese Studie wurde Adams, der damals ähnliche Berechnungen anstellte, auf Le Verrier aufmerksam.

Le Verrier besaß zweifelsohne eine große Begabung für die theoretische Astronomie. Ansonsten hatte er mit Adams nicht viel gemein. Im Herbst 1845 war Adams 26 Jahre alt. Er hatte gerade sein Studium abgeschlossen, konnte aber noch keine wissenschaftliche Arbeit vorweisen. In seiner Freizeit arbeitete er am Uranus-Problem. Der acht Jahre ältere Le Verrier hatte sich in Wissenschaftlerkreisen bereits einen Namen gemacht, er hatte eine Anstellung als Astronom und konnte mehrere Veröffentlichungen vorweisen. Während Adams eher bescheiden und zurückgezogen lebte, besaß Le Verrier Ehrgeiz und großes Selbstvertrauen – zu viel, wie manche seiner Zeitgenossen meinten, sodass er sich leichter Feinde als Freunde machte. Sein Charakter wurde im Allgemeinen als »schwierig« beurteilt, es war mit ihm, wie man so sagt, »nicht gut Kirschen essen«. »Ich weiß nicht, ob M. Le Verrier wirklich der verabscheuungswürdigste Mann in Frankreich ist«, bemerkte ein Zeitgenosse über ihn, »aber er ist mit Sicherheit der am meisten verabscheute.«

Doch ob man ihn nun mochte oder nicht, durch die Untersuchung der Frage, wie die Himmelskörper des Sonnensystems gegenseitig ihre Bahnen beeinflussen, hatte sich Le Verrier als Experte für gravitationsbedingte Störfaktoren erwiesen. Daher schlug Arago im Spätsommer 1845 vor, er solle sich dem Problem des Uranus zuwenden. (Auch die Franzosen hatten es inzwischen aufgegeben, den Planeten »Herschel« zu nennen.) Le Verrier wusste natürlich, welche großartige Chance es für ihn war, dass der angesehenste Astronom Frankreichs ihm ein solche Aufgabe antrug. Er machte sich sofort an die Arbeit, und am 10. November 1845 präsentierte er der Académie des sciences erste Ergebnisse zum Uranus.

Zu diesem Zeitpunkt hielt Airy bereits die von Adams errechnete Lösung des Problems in Händen. Doch außer Adams und Airy selbst sowie Challis gab es diesbezüglich nur einen kleinen

Kreis von Eingeweihten in Cambridge. Ohne zu ahnen, dass sein englischer Rivale bereits die Position eines neuen Planeten, der Störeinflüsse ausübte, vorausgesagt hatte, ging Le Verrier das Problem Schritt für Schritt an. Seine erste Studie behandelte die Frage, ob die Bewegung des Uranus vielleicht durch eine genauere Analyse der Einflüsse durch Jupiter und Saturn erklärt werden könne. Unter Verwendung zweier unterschiedlicher mathematischer Formeln untersuchte er vor allem die Einwirkung des Saturn, und zwar weitaus gründlicher, als das jemals jemand (einschließlich Adams) vor ihm getan hatte. Das Ergebnis war, dass der Saturn höchstens für eine Abweichung der Position des Uranus um eine 20stel Bogensekunde oder ein 72 000stel Grad verantwortlich sein konnte. Im Laufe seiner Arbeit entdeckte er eine Reihe peinlicher Unstimmigkeiten in den Planetentafeln von Alexis Bouvard, die dadurch noch weiter an Glaubwürdigkeit verloren. Seine Schlussfolgerung war eindeutig: Diese Ablenkung war viel zu gering, um die Anomalien in der Bahnbewegung des Uranus zu erklären.

Im Dezember erreichten Le Verriers Ergebnisse England, und Airy war außerordentlich beeindruckt. Er hatte zuvor vermutet, es sei durchaus möglich, die Bewegung des Uranus durch eine genauere Untersuchung der Perturbationen zu erklären; nun musste er zugeben, dass dies nicht die Lösung des Rätsels sein konnte. Allerdings sah sich Airy durch die Studie von Le Verrier nicht veranlasst, Adams Resultate ernster zu nehmen. Unterdessen arbeitete Adams intensiv an einer verbesserten Version seiner eigenen Voraussage, ohne zu ahnen, dass Le Verrier am gleichen Problem saß.

Im Juni 1846 veröffentlichte Le Verrier die zweite Untersuchung des Uranus-Problems. Die Studie bestand aus zwei Teilen. Wenn sich der Fehler nicht mit der Ablenkung durch die bekannten Planeten erklären lasse, fragte er im ersten Teil, könne er dann nicht vielleicht doch durch eine exaktere Berechnung der »wahren« Umlaufbahn behoben werden? Le Verrier nahm 19 «alte» Beobachtungen sowie 260 aus der Zeit nach der Entdeckung, die von den Sternwarten in Greenwich und Paris stammten, reduzierte sie alle noch einmal und berechnete dann die Abweichungen erneut. Als Nächstes stellte er eine Gleichung auf, die den Fehler jeder Einzelbeobachtung mit einem Korrekturfaktor zur idealen Bahnellipse in Beziehung setzte – genau wie es Adams getan hatte, nur dass Adams auch die Ablenkung durch seinen vermuteten Planeten mit einbezogen hatte. Doch Le Verrier war noch nicht so weit, einen unbekannten Planeten anzunehmen; er versuchte weiter, eine Ellipse zu finden, die mit den beobachteten Abweichungen in Einklang gebracht werden konnte. Unter Verwendung seiner insgesamt 279 Gleichungen aus den Beobachtungsdaten versuchte er eine neue Bahn zu berechnen. Dann untersuchte er zum wiederholten Male die sich ergebenden Bahnabweichungen. Sie waren immer noch beträchtlich. Le Verrier hatte damit zweifelsfrei nachgewiesen, dass es nicht allein an der Bahnberechnung liegen konnte, wenn der Uranus von der vorausgesagten Position abwich; es musste eine andere Ursache für das Problem geben.

Im zweiten Teil seiner Untersuchung erwog Le Verrier mögliche Gründe für das mysteriöse Verhalten des Planeten. Zunächst erklärte er, die Vorstellung, Newtons Gravitationsgesetz könne vielleicht in so großem Abstand von der Sonne nicht seine volle Wirkung entfalten, sei nichts weiter als »ein letzter Ausweg, zu dem wir erst Zuflucht nehmen dürfen, wenn die Überprüfung aller anderen Möglichkeiten abgeschlossen und nachgewiesen ist, dass sie auf keinen Fall für die beobachteten Effekte verantwortlich sein können«. Nachdem er die Möglichkeit des Kometeneinschlags, eines Widerstand leistenden Mediums oder die Beeinflussung durch massenreiche Monde verworfen hatte, kam er zu dem Schluss, dass »keine andere Hypothese offen bleibt, als die eines perturbierenden Himmelskörpers, der einen schwachen Einfluss auf seine Bahn ausübt. Nach all unserer Kenntnis über das Sonnensystem kann es sich dabei nur um einen bislang unentdeckten Planeten handeln. Doch besitzt diese Hypothese größere Wahrscheinlichkeit als andere? Ist sie in irgendeiner Weise unvereinbar mit den beobachteten Fehlern? Ist es möglich, die Position zu berechnen, die dieser Planet am Himmel haben müsste?«

Wie Adams legte auch Le Verrier seinen Kalkulationen die Annahme zugrunde, der unbekannte Planet müsse nach dem »einzigartigen Gesetz, das sich über den mittleren Abstand der Planeten von der Sonne ergeben hat«, das Zentralgestirn mit einem doppelt so großen Bahnradius wie der Uranus umlaufen. Der Planet sei auf jeden Fall jenseits des Uranus zu finden, argumentierte er, andernfalls müsse er auch die Bahn des Saturn beeinflussen; wäre er noch weiter weg – beispielsweise dreimal so weit entfernt von der Sonne wie der Uranus –, dann müsse seine Masse so groß sein, dass er auch auf den Saturn spürbaren Einfluss ausüben würde. Le Verrier legte seinen Berechnungen also das Bodesche Gesetz zugrunde, auch wenn er es nicht ausdrücklich erwähnte.

Als Nächstes arbeitete er seine Formeln so um, dass er mit ihnen den Störeinfluss des vermuteten Planeten miterfassen konnte. Dabei wählte er einen anderen Weg als Adams. Seine Formeln ermöglichten ihm, eine Beziehung zwischen der Masse des unbekannten Planeten und seiner Position im Zodiakus (das heißt seinem Längengrad) für das Jahr 1800 herzustellen. Dann nahm er 40 mögliche Himmelspositionen, an denen der Planet im Jahr 1800 gewesen sein könnte, unter die Lupe, wozu er den Zodiakus in Zonen von je neun Grad aufteilte. Für jede dieser Zonen berechnete er, welche Masse der gesuchte Planet gehabt haben müsste, um den Uranus in der beobachteten Weise abzulenken.

Alle Positionen, für die sich aus der Formel eine negative Masse ergab, konnten ausgeschlossen werden, da es negative Masse nicht gibt. Ebenso konnte man alle Positionen ausschließen, die nur unter Annahme einer sehr großen Masse möglich waren, denn ein so massiver Planet hätte auch auf den Saturn einen spürbaren Einfluss haben müssen. Auf diese Weise konnte Le Verrier den Bereich des Zodiakus, in dem der Planet zu erwarten war, beträchtlich einschränken: »Es gibt nur einen Bereich ... in dem der Planet, welcher

den Störeinfluss auf den Uranus ausübt, gefunden werden kann ...
der mittlere Längengrad dieses Planeten muss am 1. Januar 1800
zwischen 243 Grad und 252 Grad gelegen haben.«

Le Verrier unternahm eine noch genauere Berechnung fünf weiterer möglicher Positionen innerhalb dieses Himmelsabschnitts
und untersuchte, bei welcher die beobachtete Bahnabweichung des
Uranus den geringsten Fehler ergeben würde. Bei 252 Grad war
das Ergebnis am besten. Daraufhin bestimmte er annäherungsweise
die Umlaufbahn und berechnete, wo der Planet am 1. Januar 1847
zu erwarten wäre: bei einem Längengrad von 325 Grad, an der
Grenze zwischen den Sternbildern Wassermann und Steinbock.
Das war natürlich nur eine Annäherung, doch Le Verrier war zu-
versichtlich, dass die tatsächliche Position um höchstens zehn Grad
abweichen würde. »Dies ist das vorzügliche Ergebnis, zu dem ich
gelangt bin«, schloss er mit dem für ihn typischen Selbstvertrauen.
In seinen Augen bestand kein Zweifel mehr an der Existenz des
vermuteten Planeten, da er nachgewiesen hatte, dass sein Einfluss
»hervorragend die beobachteten Abweichungen des Uranus erklärt«.

Alles, was ihm noch zu tun blieb, war, die Bahn des Planeten genauer zu berechnen – dies nahm er sich für seinen nächsten Artikel
zum Thema vor. Ohne Zweifel würden manche lieber das Sonnensystem auf seine gegenwärtige Größe beschränkt sehen, als die
Existenz eines neuen Planeten einzuräumen, warnte er. »Dagegen
möchte ich einwenden, dass man mit demselben Recht noch am 12.
März 1781 hätte glauben können, der Saturn sei der entfernteste
Planet, nur um am darauf folgenden Tag durch die Entdeckung des
Uranus widerlegt zu werden.«

Die von Le Verrier und Adams für den vermuteten Planeten berechneten Positionen lagen sehr nahe beieinander. Die beiden Forscher waren unabhängig voneinander und mit völlig anderen Berechnungsmethoden zum gleichen Ergebnis gekommen. Sie hatten
ein gewaltiges mathematisches Problem von zwei verschiedenen
Seiten bezwungen: Während Adams sich unbeobachtet auf der

Sternkarte mit Le Verriers Voraussage der Position des unbekannten Planeten.

Südseite durchs Unterholz geschlagen hatte, hatte Le Verrier unter dem wachsamen Auge seiner Wissenschaftlerkollegen die Nordseite bezwungen.

Le Verriers zweite Veröffentlichung wurde in ganz Europa mit Begeisterung aufgenommen. Zum ersten Mal wurde hier eine Untersuchung über die Möglichkeit eines neuen Planeten veröffentlicht, die zudem noch verständlich und schlüssig dargestellt war. Airy in Greenwich kam sie in der letzten Juniwoche zu. »Ich kann gar nicht zum Ausdruck bringen, welche Freude und Befriedigung es mir bereitete«, bemerkte er später. Zu diesem Zeitpunkt wusste nur er allein, dass die Voraussage von Le Verrier der von Adams sehr nahe kam. Das gab natürlich auch den Spekulationen von Adams mehr Gewicht, und Airy war nun eher bereit, die Existenz eines weiteren Planeten in Erwägung zu ziehen.

Am 25. Juni schrieb Airy an seinen Freund William Whewell, damals ein angesehener Wissenschaftler in Cambridge, der gerade ein Buch über den Fortschritt der Wissenschaft aktualisierte und wissen wollte, was man inzwischen über die Anomalien des Uranus herausgefunden hatte. »Die Aufmerksamkeit richtet sich seit langem auf den möglichen Einfluss eines entfernteren Planeten«, berichtete ihm Airy, »und hierzu liegen auch zwei neue, äußerst interessante Berechnungen vor. Eine stammt von Adams, vom St. John's College (dieses Manuskript habe ich zuerst erhalten). Die andere ist von Le Verrier. Beide sind zum selben Ergebnis gekommen, nämlich dass der gegenwärtige Längengrad des gesuchten Störplaneten etwa 325 Grad betragen muss.«

Airy war jedoch weiterhin daran interessiert herauszufinden, ob die Annahme eines neuen Planeten auch die Fehler im Radiusvektor des Uranus erklären konnte. Daher richtete er an Le Verrier noch einmal die Frage, die er acht Monate zuvor an Adams gestellt hatte. »Ich habe mit großem Interesse den Bericht über Ihre Arbeiten zur wahrscheinlichen Position eines Planeten gelesen, der die Bahn des Uranus beeinflusst; ich erlaube mir, Ihnen hierzu folgende Fragen zu stellen«, schrieb er am 26. Juni an Le Verrier, ohne dabei Adams zu erwähnen. Ob die beobachteten Abweichungen im Radiusvektor, fragte Airy, »tatsächlich eine Folge der Störeinflüsse durch einen äußeren Planeten seien, der sich an der von Ihnen angegebenen Position befindet? Ich kann mir das nicht vorstellen.« Airy vertrat die Auffassung, der angenommene äußere Planet könne die Abweichungen im Radiusvektor nicht erklären. Damit war dieser Brief an Le Verrier, anders als der an Adams, eine direkte Herausforderung.

Am 29. Juni nahm Airy an der Jahresversammlung des Royal Observatory teil, bei der traditionell einem Wissenschaftlerkomitee unter Vorsitz des Präsidenten der Royal Society ein Bericht über die Arbeit des Observatoriums vorgelegt wurde. Airy berichtete

den anwesenden Astronomen, unter denen sich auch seine Kollegen Sir John Herschel und James Challis aus Cambridge befanden,
von der »äußerst hohen Wahrscheinlichkeit, dass in naher Zukunft
die Entdeckung eines neuen Planeten gemacht wird, vorausgesetzt,
eine Sternwarte konzentriert ihre Anstrengungen auf die Suche«.
Später schrieb er, er habe »als Grund für diese Voraussage die große
Übereinstimmung zwischen den Ergebnissen, die Mr. Adams und
Mr. Le Verrier in ihren Forschungen über die Position des vermuteten, die Bahn des Uranus störenden Planeten gefunden hatten«,
angegeben.

Zwei Tage später erhielt Airy Antwort von Le Verrier. »Ich bin
gerade dabei, die Endberechnungen für den perturbierenden Planeten durchzuführen und seine Position so genau wie möglich zu bestimmen. Wenn ich darauf hoffen darf, dass Sie genügend Vertrauen in meine Arbeit setzen, um nach dem Planeten am Himmel
Ausschau zu halten, beeile ich mich, Ihnen, Sir, die genaue Position
zukommen zu lassen, sobald ich sie ermittelt habe.« Was die Frage
des Radiusvektors betraf, so erklärte Le Verrier, dass dieser natürlich nicht hätte stimmen können, da die von Bouvard angenommene ideale Ellipse falsch gewesen sei. Mit der von ihm errechneten
korrekten Uranusbahn sei, so meinte er, dieser Fehler beseitigt.
»Die Tatsache, dass meine Ergebnisse mit allen Aspekten des Problems in Übereinstimmung zu bringen sind, erhöht die Wahrscheinlichkeit ihrer Richtigkeit ... Die Korrektur des Radiusvektors
ergab sich dabei von selbst, ohne dass man dies besonders behan-
deln musste. Entschuldigen Sie, Sir, dass ich Sie auf diesen Punkt
besonders hinweise.«

Dieser Brief zerstreute Airys letzte Zweifel an der Existenz eines
weiteren Planeten. Es schien ihm nicht mehr nötig, noch genauere
Berechnungen von Le Verrier abzuwarten; die Tatsache, dass dessen erste Berechnung so nahe bei Adams Voraussage lag, zeigte,
dass sie schon einigermaßen genau war. Ohne noch einmal an Le
Verrier zu schreiben, fand Airy, die Zeit sei nun reif, sich auf die Suche nach dem neuen Planeten zu machen.

Die auf der Versammlung geäußerte Überzeugung des Königlichen Astronomen, man werde in kürzester Zeit einen neuen Planeten entdecken, machte großen Eindruck auf John Herschel. Er bereitete gerade eine Rede vor, die er einige Wochen später vor der
British Association halten sollte, und fand dabei folgende Worte
zum Thema des neuen Planeten: »Wir sehen ihn, wie Kolumbus
Amerika von der spanischen Küste aus sah. Seine Bahn wurde mit
den weitreichenden Mitteln der Mathematik aufgespürt, und zwar
mit einer Gewissheit, die fast so stark ist wie der Beweis durch die
tatsächliche Beobachtung.« Seine Zuhörer nahmen selbstverständlich an, dass Herschel sich damit auf die bereits veröffentlichten
Berechnungen von Le Verrier bezog. Doch einige wenige Einge-
weihte wussten, dass Englands Astronomen dank Adams noch
mehr Veranlassung hatten, bald mit der Entdeckung eines neuen
Planeten zu rechnen – und sie machten sich mit Feuereifer auf die
Suche nach dem Wandelstern.

Kapitel 7
Der größte Triumph der Theorie

Vor kurzem soll ein »neuer« Planet entdeckt
worden sein. Das ist nicht korrekt. Dieser Planet
existiert seit Anbeginn der Welt.

Scientific American, 1846

Es gibt zwei Methoden, mit einem Teleskop einen Planeten von einem Stern zu unterscheiden: entweder dadurch, dass man seine Scheibengestalt erkennt, oder indem man durch aufeinander folgende Beobachtungen seine Bewegung vor dem Hintergrund der Fixsterne feststellt. Also konnte jeder Astronom, der von dem vermuteten neuen Planeten gehört hatte, sich mit der einen oder der anderen Methode auf die Suche machen. Wer die erste wählte, besah sich genau die Sterne in dem Himmelsabschnitt, in dem der neue Planet vermutet wurde, und suchte nach einem, der eine erkennbare Scheibe zeigte. Wer auf die zweite setzte, notierte genauestens die Positionen aller Sterne in dem betreffenden Areal, wiederholte diese Prozedur einige Tage später und hoffte darauf, dass sich einer von ihnen durch Bewegung verraten würde.

George Airy entschied sich bei seiner Suche für letztere, da sie ihm gründlicher schien und man dabei nicht auf Mutmaßungen über die Größe des Planeten angewiesen war. Da es von dem betroffenen Gebiet keine hinreichend detaillierte Sternenkarte gab, nahm sich Airy vor, die Region ganz neu zu kartieren und dann ein paar Wochen später die Positionen aller Sterne noch einmal zu überprüfen. In einem dritten Durchgang sollte durch die Gegenprobe die Ergebnisse der ersten beiden Beobachtungen gesichert werden.

Doch Airy wählte für diese Aufgabe nicht das erstbeste Teleskop. Er beauftragte auch nicht seine Leute in Greenwich mit der Suche. Vielmehr entschied er sich für das Northumberland-Teleskop der Sternwarte von Cambridge, das er dort während seiner Zeit als Professor für Astronomie selbst mit aufgebaut hatte und für das nun Challis verantwortlich war. Airys Entschluss, Challis in Cambridge mit der Suche zu betrauen, hatte eine ganze Reihe von Gründen.

Zunächst einmal war das Northumberland-Teleskop, das eine Öffnung von fast 30 Zentimetern aufwies, viel lichtstärker als alle Teleskope des Royal Greenwich Observatory. Für die tägliche Arbeit der Positionsbestimmung von Sternen und Planeten, wie man sie in Greenwich betrieb, war die genaue Ausrichtung der Teleskope wichtiger als ihre Vergrößerungsmöglichkeit, sodass das leistungsstärkste Instrument im Royal Observatory ein Refraktor mit einer Öffnung von 17 Zentimetern war. Da die Helligkeit des neuen Planeten aber völlig unbekannt war, schien es sinnvoll, ein möglichst lichtstarkes Gerät einzusetzen. (Adams hatte allerdings berechnet, dass man den neuen Planeten auch mit kleineren Fernrohren sehen müsste, doch davon wusste Airy nichts.)

Der zweite Grund war, dass die Suche zu sehr die tägliche Routinearbeit in Greenwich gestört hätte. In einem Brief an seinen Freund William Whewell schrieb Airy: »Wenn ich ein reicher Mann wäre oder unbeschäftigte Leute hätte, dann würde ich sofort Maßnahmen ergreifen, um diesen Teil des Himmels genauestens nach der Position des vermuteten Planeten absuchen zu lassen.« Doch Airy hätte die zwei oder drei Leute, die für so eine Kartierungsarbeit nötig waren, nicht abstellen können, ohne die übrigen Aufgaben der Sternwarte zu vernachlässigen. Zudem hatte er strikte Vorstellungen von den eigentlichen Aufgaben der Sternwarte in Greenwich, und diese Suche wäre ihm als eine Zweckentfremdung erschienen.

Möglicherweise wollte Airy auch, dass der neue Planet von Cambridge entdeckt wurde. Dort hatte er studiert, wie auch Adams und Challis, und vielleicht wollte er sicherstellen, dass die

Ehre der Entdeckung, die ja bereits von einem Absolventen dieser
Hochschule vorausgesagt worden war, auch der Sternwarte von
Cambridge zukam.

Der Wunsch, die Entdeckung möge Cambridge zufallen, würde
auch erklären, dass Airy nicht darauf drängte, Adams Voraussage
zu veröffentlichen, nicht einmal nach ihrer Bestätigung durch Le
Verrier. Denn obwohl Airy sich beim Treffen des Astronomenkol-
legiums (das zum größten Teil von Wissenschaftlern aus Cambridge gestellt wurde) auf die Arbeit von Adams bezogen hatte, erwähnte er sie in seinem Brief an Le Verrier, in dem es um den
Radiusvektor ging, mit keinem Wort. Offenbar bewahrte er auch
Peter Hansen gegenüber Stillschweigen, einem dänischen Astronomen, der als Experte auf dem Gebiet des Gravitationseinflusses galt
und sich bereits früher mit Alexis Bouvard brieflich über das ab-
sonderliche Verhalten des Uranus ausgetauscht hatte. Dabei war
Hansen ab Juni 1846 einige Wochen bei Airy zu Gast. Airy und
Hansen trafen Adams sogar zufällig am 2. Juli auf einem Tagesaus-
flug nach Cambridge; Airy zog Hansen nach ein paar höflichen
Worten rasch weiter, vermutlich weil er nicht wollte, dass Adams
die Katze aus dem Sack ließ.

Es gab vielleicht noch einen weiteren Grund dafür, dass Airy
Cambridge bei der Suche den Vorzug gab. Das fragliche Teleskop
war nach seinem Stifter, dem Herzog von Northumberland, benannt. Airy hatte es entworfen und seinen Aufbau überwacht, und
möglicherweise wollte er sich dem Herzog gegenüber dankbar zeigen, indem er sicherstellte, dass die historisch bedeutende Entdeckung mit diesem Teleskop gemacht wurde.

Nachdem für ihn feststand, dass Cambridge der beste Ort für die
Suche sei, schrieb Airy am 9. Juli an Challis. »Wie Sie wissen, liegt
mir viel an einer Beobachtung des Himmelsabschnitts, in dem nicht
ganz unbegründet ein Planet jenseits des Uranus zu erwarten ist«,
begann er. Es bestehe, so erklärte er, »keine Aussicht, dass [die Su-
che] irgendeinen Erfolg hat, wenn sie nicht mit dem Northumberland-Teleskop durchgeführt wird.« Airy bat Challis, die Beobach-

tungen zu leiten, und bot ihm Unterstützung durch einen Assistenten des Royal Greenwich Observatory an.

Airys Brief hatte einen für ihn ganz untypischen drängenden
Ton. »Sie werden leicht feststellen, dass das ganze Projekt zurzeit
noch gar keine rechte Gestalt angenommen hat und dass ich Ihnen
diese Fragen hier … in der Hoffnung stelle, die Angelegenheit damit
vorantreiben zu können, was ohne Unterstützung durch Sie und
Ihr Instrument beinahe unmöglich ist«, schrieb er. Als er nach vier
Tagen noch keine Antwort von Challis erhalten hatte, schickte er
ihm einen weiteren Brief, in dem er detailliert beschrieb, wie die
Suche vonstatten gehen sollte. Auch der Ton dieses Briefs stand
ganz im Gegensatz zu Airys sonstiger ruhiger, besonnener Art.
»Auf beiliegendem Blatt habe ich eine Skizze beigefügt, die Ihnen
einen Begriff vom Umfang der Arbeit geben soll, die mit der Suche
nach dem Planeten verbunden ist«, schrieb er. »Ich möchte nur
noch hinzufügen, dass meiner Meinung nach diese Suchaktion
nicht nur weitaus wichtiger ist als alle laufenden Arbeiten, sondern
dass sie auch keinerlei Aufschub erlaubt.«

Warum drängte Airy so darauf, mit der Suche zu beginnen?
Sein Plan war, das Northumberland-Teleskop ähnlich wie ein
Durchgangsteleskop einzusetzen, das heißt, es auf die entsprechende Himmelspartie auszurichten und dann zu fixieren, sodass
die Sterne im Suchgebiet infolge der Erdrotation am Sehfeld vorbeiziehen und man die Position eines jeden Sterns genau notieren
kann. Airy glaubte zwar fest daran, dass Adams und Le Verrier
die Existenz eines neuen Planeten nachgewiesen hatten, in ihre
Voraussagen für seine Position setzte er jedoch weniger Vertrauen. Daher schlug er ein riesiges Suchareal vor, das um die vo-
rausgesagte Position herum 30 Grad in der Länge und zehn Grad
in der Breite umfasste und sich über die Sternbilder Wassermann
und Steinbock erstreckte. Airy schätzte, dass es 80 Durchgänge
erfordern würde, dieses Gebiet mit dem Durchgangsteleskop abzusuchen. Der Durchlauf jedes einzelnen Streifens würde über
eine Stunde dauern, wobei das Teleskop immer auch ein bisschen

Sternkarte mit dem von Airy vorgeschlagenen Suchgebiet.

nachjustiert werden musste. Immer wenn ein Stern über das Fadenkreuz des Teleskops lief, sollte der Beobachter die Position ausrufen, die dann von seinem Assistenten zusammen mit der Zeit notiert würde. Durch die Erfassung sämtlicher Sterne sollte so eine vollständige Kartierung des Suchgebiets vorgenommen werden. Die gesamte Arbeit würde, so schätzte Airy, 300 Beobachtungsstunden erfordern. In Anbetracht der britischen Wetterverhältnisse bedeutete das voraussichtlich eine Suche von mehreren Monaten.

Doch jeder Planetenjäger hätte eine ebenso umfangreiche Aufgabe zu bewältigen, was bedeutete, dass die Sternwarte von Cambridge einen Vorsprung von mehreren Wochen hatte, wenn sie mit der Suche begann, bevor Le Verrier präzisere Angaben zur Position des Planeten veröffentlichte. War der Planet aber erst einmal gefunden, dann konnten Airy und Challis verkünden, die Suche sei durch die von Adams ein Jahr zuvor gemachte Voraussage angeregt

worden, für die Le Verriers Arbeit schließlich die Bestätigung geliefert habe. Das wäre ein doppelter Triumph für die britische
Astronomie und insbesondere für Cambridge.

Am 18. Juli schrieb Challis, der von einer Urlaubsreise zurückkam, an Airy, dass er sobald wie möglich mit der Suche beginnen
wolle, obwohl er bereits mit der Auswertung einer ganzen Reihe
von Kometenbeobachtungen alle Hände voll zu tun habe. Doch
das sei kein Hindernisgrund; er könne nachts den Himmel nach
dem neuen Planeten durchstreifen und tagsüber an seinen Kometenberechnungen arbeiten. Challis informierte Adams, der bereit-
willig die zu erwartenden Positionen zwischen dem 20. Juli und
dem 8. Oktober errechnete.

Ob Airy und Challis tatsächlich verabredet haben, Stillschweigen über Adams Voraussage zu bewahren, ist nicht gesichert; doch
es ist bemerkenswert, dass sie beide den britischen Amateurastronomen gegenüber kein Wort über die Sache verloren. Nicht wenige
der Amateurastronome besaßen Fernrohre, die sich mit dem Northumberland-Teleskop durchaus messen konnten, und auch sie
hätten den Planeten rasch finden können. Zuvor hatte Challis
Adams noch ermutigt, seine Berechnungen von Kometenbahnen in
der *Times* zu veröffentlichen; davon war nun nicht mehr die Rede.
Vielmehr versuchten er und Airy nach besten Kräften, die Entdeckung durch das Northumberland-Teleskop in Cambridge zu sichern.

Wie auch immer, Adams war begeistert, dass seine Voraussage
endlich ernst genommen wurde. Am 29. Juli 1846, fünf Jahre, nachdem er sich zum Ziel gesetzt hatte, die Anomalien in der Bewegung
des Uranus zu erklären, und neun Monate, nachdem er seine Resultate an Airy geschickt hatte, wurde endlich ein Teleskop auf jenen
Teil des Himmels gerichtet, in dem sich seinen Berechnungen zufolge der neue Planet verbergen musste.

In der ersten Nacht der Suche konzentrierte sich Challis darauf,
die Positionen der Sterne im Zentrum des Suchgebiets zu erfassen,
denn hier bestand die größte Wahrscheinlichkeit, den Planeten zu

finden. Er setzte seine Beobachtungen am 30. Juli und 4. August fort, wurde dann jedoch durch Wolken und Mondlicht, das die Wahrnehmung schwach leuchtender Himmelskörper erschwerte, bis zum 12. August behindert.

Um zu sehen, ob seine Methode funktionierte, überprüfte Challis nach dieser ersten Beobachtungsreihe, inwieweit sich die Ergebnisse vom 30. Juli mit denen vom 12. August deckten. Ein Vergleich der in beiden Nächten beobachteten Positionen von 39 Sternen ergab eine perfekte Übereinstimmung, sodass er hoffen durfte, dem Planeten mit diesem Verfahren auf die Spur zu kommen. Er setzte seine Beobachtung den ganzen August hindurch fort und hielt im Suchgebiet die Positionen Hunderter Sterne fest. »Ich habe keine Gelegenheit versäumt, nach dem Planeten zu suchen, die Nächte waren sehr günstig. Ich konnte eine beträchtliche Anzahl von Beobachtungen machen«, schrieb er am 2. September an Airy. »Doch komme ich nur langsam voran, und wenn ich in dieser Weise sorgfältig das vorgeschlagene Areal durchsuche, so wird das bedeutend mehr Beobachtungen erfordern, als ich dieses Jahr noch durchführen kann.«

Aber Challis hatte seine Beute bereits im Visier gehabt. Hätte er nur zehn weitere Sternenpositionen seiner Beobachtung vom 12. August mit der vom 30. Juli verglichen, so wäre ihm aufgefallen, dass der 49. Stern, den er am 12. August notiert hatte, am 30. Juli noch nicht zu sehen gewesen war. Ohne dass Challis es ahnte, war der Planet sozusagen zum Greifen nahe.

Das Northumberland-Teleskop war nicht das einzige Fernrohr, das im Sommer 1846 auf der Suche nach dem neuen Planeten die Sternbilder Wassermann und Steinbock durchstreifte. Überall spekulierte man über »Le Verriers Planeten«. Am 4. August erschien unter dem Titel »The New Planet« ein Artikel in der *Times*, in dem die französische Zeitung *Le Constitutionnel* zitiert und der allgemein verbreiteten Ansicht Ausdruck gegeben wurde, es sei nur noch eine Frage der Zeit, bis man den Planeten entdeckt hätte. Dies wäre, so die Zeitung, ein großer Triumph für die theoretische

Astronomie: »Die Mathematik transportiert uns in die Regionen des Unbekannten, von wo wir mit herrlichen neuen Entdeckungen zurückkehren ... Wenn es einst der Zufall war, der uns den Uranus vor Augen führte, so dürfen wir nun hoffen, einen neuen Planeten zu sehen, dessen Position von M. Le Verrier im Voraus berechnet worden ist.« In ähnlicher Weise wurde Le Verriers Voraussage in anderen Zeitungen zusammen mit dem vermuteten Längengrad des Planeten als große Neuigkeit verkündet.

In Frankreich machte sich die Pariser Sternwarte Anfang August eine Weile lang auf die Suche, brach sie jedoch ab, als sich kein Planet zeigen wollte und deutlich wurde, welches Ausmaß die nötigen Kartierungsarbeiten annehmen würden. Der Direktor des Observatoriums zögerte ebenso wie sein englischer Kollege Airy, die Kapazitäten seiner Institution für diese Planetenjagd einzusetzen. Die Überlastung durch offizielle Aufgaben hinderte auch Sears Cook Walker, Astronom am U.S. Naval Observatory in Washington, D.C., sich an der Suchaktion zu beteiligen. Der Arbeitsplan erlaube dies frühestens im Oktober, teilte man ihm mit.

Einige Beobachtungsdurchläufe machte John Russell Hind in London, ein ehemaliger Assistent am Royal Greenwich Observatory, der nun das privat betriebene Observatorium im Regent's Park leitete, das über einen 18-Zentimeter-Refraktor verfügte. Hind und Challis hatten über die bevorstehende Entdeckung eines neuen Planeten korrespondiert, und Hind wusste wohl auch, dass Adams daran arbeitete, dessen Position zu berechnen, allerdings hatte ihn Challis weder über Adams Voraussage noch über seine Abmachung mit Le Verrier informiert. Daher stützten sich Hinds erfolglose Beobachtungen nur auf die Positionsberechnungen von Le Verrier.

Wie ist zu erklären, dass nicht sämtliche Astronomen, professionelle wie Amateure, zu ihren Fernrohren stürzten? Viele beschlossen, vielleicht einfach abzuwarten. Die Voraussage von Le Verrier war ziemlich vage, sie umfasste immerhin einen Bereich von zehn Grad. Sein Artikel ließ vermuten, dass er weitere, präzisere

Berechnungen für die Planetenposition anstellen würde, welche die Suche erheblich vereinfachen würden.

Am 31. August legte Le Verrier der Académie des sciences seine dritte theoretische Abhandlung über den Uranus vor, in der er die Astronomen eindringlich aufforderte, sich auf die Suche nach dem von ihm vermuteten Planeten zu machen. (Er wusste natürlich nicht, dass man in Cambridge schon damit begonnen hatte.) Le Verrier hatte zu diesem Zeitpunkt bereits ein ganzes Jahr an dem Problem gearbeitet, und seine Berechnungen füllten mehr als 10 000 Seiten. In seiner Arbeit erläuterte er, auf welche Weise er eine genaue Umlaufbahn für den Planeten sowie eine exaktere Voraussage seines Längengrads errechnet hatte, den er nun mit 326,5 statt zuvor mit 325 Grad angab. Nicht weniger wichtig war seine Schätzung der Masse des Planeten, die er als zweieinhalbmal so groß wie die des Uranus ansetzte. Daraus wiederum ließen sich Annahmen über die Größe und Helligkeit des Planeten ableiten. Le Verrier errechnete, dass der unbekannte Himmelskörper als Scheibe mit einem Durchmesser von drei Bogensekunden erscheinen würde, was etwa drei Viertel der scheinbaren Größe des Uranus entsprach. Damit, so meinte er, seien optimale Voraussetzungen für die Suche gegeben.

»Es sollte nicht nur möglich sein, den neuen Planeten mit guten Teleskopen zu sehen, man müsste ihn auch an der Größe seiner Scheibe identifizieren können«, bemerkte er. »Dies ist ein wichtiger Punkt. Könnte man den Planeten aufgrund seiner Erscheinung mit einem Stern verwechseln, so müsste man sämtliche Sterne in der betreffenden Himmelsregion genauestens betrachten und herausfinden, welcher von ihnen sich bewegt. Dies wäre eine langwierige und mühevolle Arbeit. Hat der Planet aber eine sichtbare Scheibe, anhand derer er von einem Stern zu unterscheiden ist, und erübrigt eine einfache Sichtung die Positionsbestimmung sämtlicher Sterne, dann wird die Suche bedeutend schneller vonstatten gehen.«

Gerade als Le Verrier in Paris seine präzisierte Voraussage der Planetenposition veröffentlichte, beendete Adams seine zweite Untersuchung des Problems. Am 2. September schrieb er an Airy, um ihm seine neuen Ergebnisse mitzuteilen. Der Königliche Astronom war jedoch für mehrere Wochen nach Deutschland verreist. Adams hatte herausgefunden, dass die Annahme eines etwas geringeren mittleren Sonnenabstands für den Störplaneten (373 Einheiten auf der Bode-Skala statt 384) die Diskrepanzen zwischen der beobachteten und der berechneten Position des Uranus weiter reduzierte. Basierend auf dieser veränderten Voraussetzung machte er eine Voraussage über den Längengrad des Planeten, den er nun mit 330 Grad angab, und bat um weitere Informationen für eine dritte Berechnung, die von einem noch kleineren mittleren Sonnenabstand des Planeten (344 Einheiten) ausgehen sollte. Verspätet beantwortete er nun auch Airys Anfrage aus dem Vorjahr bezüglich des fehlerhaften Radiusvektors, wobei er durch ausführliches Zahlenmaterial belegte, dass seine Hypothese diese Abweichung erklären konnte. Zum Schluss teilte Airy Adams noch mit, dass er an einer Erläuterung seiner Berechnungen arbeite, die er einige Tage später auf dem Jahrestreffen der British Association vorstellen wolle. Doch er traf am 15. September verspätet auf der Konferenz ein; die Themen Mathematik und Physik waren schon abgehandelt. So erfuhr die Wissenschaftlergemeinde auch bei diesem Anlass nichts von Adams Ergebnissen.

Le Verrier versuchte unterdessen unermüdlich, Astronomen zur Suche nach seinem Planeten zu bewegen. Ein Exemplar seiner dritten Studie schickte er an Professor Heinrich Schumacher, den Herausgeber der deutschen Zeitschrift *Astronomische Nachrichten*, um ihr damit größtmögliche Verbreitung zu sichern. In seinem Begleitbrief beklagte er, dass es ihm nicht gelungen sei, französische Astronomen für die Planetensuche zu gewinnen. Schumacher schlug ihm vor, einige Astronomen mit besonders leistungsfähigen Teleskopen direkt anzuschreiben. Insbesondere empfahl er ihm Friedrich Struve, einen deutschen Astronomen, der an der Stern-

Sternkarte mit Adams' (linkes Kreuz) und Le Verriers (rechtes Kreuz)
präzisierter Voraussage der Position des unbekannten Planeten für den
1. Oktober 1846.

warte von Pulkowo bei St. Petersburg arbeitete, außerdem Lord
Rosse, einen britischen Amateurastronomen. (Lord Rosse baute
nach dem Vorbild von Herschel große Reflektorteleskope, unter
anderem konstruierte er im Jahr 1845 ein Teleskop mit einem Spiegel von 1,80 Metern Durchmesser.)

Bei diesen Vorschlägen erinnerte sich Le Verrier an einen Brief,
den er im Jahr zuvor von Johann Gottfried Galle erhalten hatte, einem Mitarbeiter der Berliner Sternwarte. Galle hatte Le Verrier ein
Exemplar seiner Dissertation zukommen lassen. Sie bestand aus Reduktionsberechnungen zu den Planetenbeobachtungen des dänischen Astronomen Olaus Rømer aus dem Jahr 1706. Da Le Verrier
wusste, dass die Berliner Sternwarte mit einem besonders leistungsfähigen Teleskop ausgestattet war (einem 23-Zentimeter-Refraktor
nach Fraunhofer), mit dem man die Scheibe des vermuteten Plane-

ten gewiss sehen konnte, entschloss er sich nun zu einer späten Antwort.

Sein Brief, datiert vom 18. September, begann mit überschwäng-
lichen und ziemlich einschmeichelnden Dankbarkeitsbezeugun-
gen für die Gabe, die er beinahe ein Jahr zuvor erhalten hatte. Le
Verrier lobte die »vollkommene Klarheit« von Galles Erläuterun-
gen und die »Unumstößlichkeit« seiner Ergebnisse. Dann kam er
zur Sache: »Ich suche einen hartnäckigen Beobachter, der bereit
wäre, einige Zeit einen Himmelsabschnitt zu untersuchen, in dem
es möglicherweise einen Planeten zu entdecken gibt.« Er machte
dann Angaben über die vermutete Position des Planeten und die
Größe seiner Scheibe.

Es entsprach nicht ganz den Gepflogenheiten, dass er sich direkt
an Galle wandte, denn er überging damit Johann Franz Encke, den
Direktor des Observatoriums. Doch gerade darin bestand der
Trick. Kein Leiter einer Sternwarte zeigte sich ohne weiteres bereit,
Beobachtungszeit für die Suche nach einem unbekannten Planeten
zu opfern; Le Verrier benötigte also die Kooperation eines begeis-
terungsfähigen jungen Wissenschaftlers, der auf eigene Faust Beobachtungen durchführen konnte. Um nicht unhöflich zu erscheinen, bat Le Verrier in einem Postskriptum, Galle möge Encke
Grüße ausrichten.

Galle erhielt den Brief am 23. September, zufällig der Tag, an
dem Encke seinen 55. Geburtstag feierte. Einen Brief von einem so
berühmten Astronomen zu bekommen, schmeichelte Galle, doch
Le Verriers Anliegen brachte ihn auch in eine schwierige Situation;
er persönlich war um den Gefallen gebeten worden, nach dem Planeten Ausschau zu halten, also konnte er von Encke wenig Unterstützung erwarten. Tatsächlich hatte Encke auch zuvor schon wenig Neigung gezeigt, sich um Le Verriers Planeten zu kümmern.
Doch Galle versuchte sein Glück, und schließlich gestattete ihm
Encke, in dieser Nacht das Fraunhofer-Teleskop auf eigene Faust
zu benutzen. Encke selbst wollte den Abend zu Hause verbringen
und seinen Geburtstag feiern.

Der dänische Astronomiestudent Heinrich d'Arrest, der in einer der Außenstellen des Observatoriums Wohnung genommen hatte, um mehr praktische Erfahrung zu sammeln, wurde Zeuge ihres Gesprächs. Er bat darum, an der Suche teilnehmen zu dürfen, und Galle war einverstanden.

In dieser Nacht, bei wundervoll klarem Himmel, richteten Galle und d'Arrest das Fraunhofer-Teleskop in die von Le Verrier angegebene Region – eine Himmelsgegend, die Challis im Verlauf seiner Suche schon mehrmals durchstreift hatte. Aber nachdem sie sämtliche Sterne sorgfältig geprüft hatten, schien festzustehen, dass keiner von ihnen die für Planeten typische Scheibe zeigte.

Etwas ernüchtert überlegten die beiden Astronomen, ob sie das betreffende Gebiet nicht mit einer Sternenkarte vergleichen sollten. Sollte dort tatsächlich ein Planet sein, dann wäre er sicher nicht eingetragen, weil er sich bei der Erstellung der Karte wohl kaum an dieser Position befunden hatte. D'Arrest erinnerte daran, dass vor kurzem mehrere Bände eines äußerst zuverlässigen Sternenatlas' erschienen seien, den die Berliner Akademie erarbeitet hatte. Der Atlas war allerdings noch unvollendet und bislang auch nicht sehr weit verbreitet. D'Arrest schlug vor nachzusehen, ob unter den bereits erschienenen Bänden auch eine Karte der von Le Verrier angezeigten Himmelsgegend zu finden sei. Galle führte ihn zu Enckes Schrank, in dem die Sternenkarten des Observatoriums verwahrt wurden. Hier herrschte ein großes Durcheinander. Tatsächlich waren mehrere Bände des neuen Atlas' vorhanden, und schließlich fand d'Arrest, was er suchte: die detaillierteste Karte, die je von der Himmelsgegend erstellt worden war und in der sich der neue Planet verbergen sollte.

»Wir gingen dann zurück zur Kuppel, wo es eine Art Schreibtisch gab. Hier setzte ich mich mit der Karte hin, während Galle, der durch den Refraktor blickte, mir die Daten der Sterne durchgab, die er sah«, erinnerte sich d'Arrest später. Für jeden einzelnen Stern in der Nachbarschaft der Position, die Le Verrier vorausgesagt hatte, überprüfte d'Arrest, ob Galles Koordinaten mit einem auf der Karte verzeichneten Stern übereinstimmten. Kurz vor Mitternacht, nachdem sie bereits etliche Sterne auf diese Weise überprüft hatten, sah Galle einen schwachen Stern, den d'Arrest nicht finden konnte. »Dieser Stern«, rief d'Arrest, »ist nicht auf der Karte!«

Gebannt von der sich plötzlich eröffnenden Möglichkeit, tatsächlich Le Verriers Planeten gefunden zu haben, überprüften Galle und d'Arrest wieder und wieder die Koordinaten. Es stand außer Zweifel: Den fraglichen »Stern«, dessen Längengrad knapp unter 327 Grad lag, hatte es bei Erstellung der Karte nicht gegeben. In aller Eile holten sie Encke von seiner Geburtstagsfeier, und dann setzten die Astronomen zu dritt die Beobachtung des geheimnisvollen Himmelsobjekts bis zum Morgen fort. Bei genauerer Betrachtung sah das Objekt tatsächlich wie eine Scheibe aus, und es schien sich auch ganz langsam zu bewegen, doch waren sie sich dessen nicht sicher. All das ließ darauf schließen, dass es sich wirklich um einen Planeten handelte.

Am folgenden Tag, dem 24. September, warteten die Astronomen ungeduldig auf die Dämmerung, um den ungewöhnlichen Stern erneut zu beobachten. Sorgfältig wurden seine Koordinaten bestimmt. Als man sie mit den Daten der vorangegangenen Nacht verglich, konnte kein Zweifel mehr bestehen, dass das Objekt seinen Ort verändert hatte, und zwar um exakt den Betrag, den Le Verrier für die tägliche Bewegung des Planeten errechnet hatte.

Nun, da Encke und Galle wussten, was sie vor Augen hatten, konnten sie auch die Scheibe des Planeten deutlicher erkennen. »Eine Scheibe«, bemerkte Encke trocken, »sieht man nur, wenn man weiß, dass es eine gibt.« Ihr Durchmesser wurde von Encke und Galle je zwei Mal gemessen. Der Durchschnittswert betrug 2,6 Bogensekunden, was den von Le Verrier vorausgesagten 3,3 Bogensekunden ziemlich nahe kam.

Gleich am folgenden Morgen schrieb Galle an Le Verrier, um ihn über die Entdeckung zu informieren: »Der Planet, dessen Position Sie errechnet haben, *existiert tatsächlich*.« Galle gab die Koordinaten

Sternkarte mit Adams' (linkes Kreuz) und Le Verriers (rechtes Kreuz) präzisierter Voraussage der Position des unbekannten Planeten und der Position, an der ihn Galle schließlich fand (Pfeil).

an, die er in den vorangegangenen beiden Nächten beobachtet hatte, und bestätigte, dass der Durchmesser des Planeten mit ungefähr drei Bogensekunden gemessen worden war, genau wie Le Verrier es vorausgesagt hatte. Als Entdecker oder zumindest Mitentdecker des Planeten fühlte sich Galle berechtigt, einen Namensvorschlag zu machen. »Vielleicht verdient dieser Planet den Namen Janus nach dem römischen Gott; die Eigenschaft der Doppelgesichtigkeit passt sehr gut zu seiner Position am äußersten Rand des Sonnensystems«, schrieb er.

Auch Encke schickte ein Glückwunschschreiben an Le Verrier: »Erlauben Sie mir, Ihnen zu der glänzenden Entdeckung, mit der Sie die Astronomie bereichert haben, meinen Glückwunsch auszusprechen. Ihr Name wird auf alle Ewigkeit mit diesem an Überzeugungskraft nicht zu überbietenden Beweis für die Gültigkeit des

Gravitationsgesetzes verbunden sein.« Sofort nachdem er die Neuigkeit von Encke erfahren hatte, schrieb auch Schumacher an Le Verrier. »Dies ist der größte Triumph der Theorie, von dem ich je gehört habe«, erklärte er.

Kapitel 8
Streit um die neue Welt

Zuerst lenkt' Le Verrier den festen Blick
Empor mit Klugheit und Geschick;
Furchtlos strebt' er nach edlem Lohn,
Erklomm voll Mut den höchsten Thron;
Sein Ansporn war, es möge ihm gelingen
Entdeckerruhm wie jene vor ihm zu erringen.
Den Horizont der Wandelsterne
Schob er hinaus in weite Ferne;
Jeder irrenden Bahn hat er nachgespürt,
Fand bald, was sie vom Wege abgeführt;
Und pflanzt' die Fahne der Wissenschaft
Auf äußerstem Wall aus eigener Kraft;
Durchquerte die Sphären auf Geistes Pfaden,
Kehrt' heim als Sieger mit Beute beladen.

Aus einem Gedicht, das am 11. Dezember 1846
im *Liverpool Mercury* erschien

Le Verrier war begeistert, als er die Nachricht von Galles Entdeckung erhielt. »Ich danke Ihnen von ganzem Herzen dafür, dass Sie meine Anweisungen so rasch in die Tat umgesetzt haben. Ihnen ist zu verdanken, dass wir nun mit Bestimmtheit in den Besitz einer neuen Welt gelangt sind«, schrieb er am 1. Oktober 1846 an Galle. Dennoch machte Le Verrier keinen Hehl daraus, dass er sich keineswegs für den Namen erwärmen konnte, den Galle für das neue Mitglied des Sonnensystems vorgeschlagen hatte. Janus, so erklärte Le Verrier, sei unpassend, weil das »andeuten würde, es handle sich um den äußersten Planeten des Sonnensystems, und das zu glauben haben wir keinerlei Veranlassung«. Außerdem, fügte Le Verrier hinzu, sei die Entscheidung über den Namen des neuen Planeten bereits gefallen. »Das Bureau des Longitudes«, das sich wie sein englisches Pendant, das Board of Longitude, mit der wichtigen Frage der sicheren astronomischen Bestimmung des Längengrads befasste, so teilte er Galle mit, »hat sich für Neptun entschieden.« Das Gerangel um den neuen Planeten hatte begonnen.

In Wahrheit hatte das Bureau des Longitudes keine derartigen Schritte unternommen. Später dementierte man dort, Einfluss auf die Namensgebung ausgeübt zu haben. Als Herausgeber der offiziellen französischen Planetentafeln hatte das Bureau zwar Interesse an dem neuen Planeten, aber es besaß keine Befugnis, über Namen zu entscheiden, und hatte auch noch nie zuvor einen Planeten benannt. Vielleicht hatte Le Verrier die Namensfrage inoffiziell mit einem oder mehreren Mitarbeitern besprochen, aber eine offizielle Bestätigung war nicht erschienen. Vielmehr hat Le Verrier den Namen Neptun offenbar selbst ausgewählt.

Zur Durchsetzung seiner Entscheidung schrieb Le Verrier an die bedeutendsten europäischen Astronomen, unter anderem an Airy und Gauß, um die Entdeckung des Planeten bekannt zu machen und seine Koordinaten und seinen Namen mitzuteilen. Auch einen gefälschten Vermerk des Bureau des Longitudes legte er bei. Der Name Neptun fand bei den Astronomen im Allgemeinen großen Anklang, weil er die mythologische Tradition wahrte. Dennoch erschien es ein wenig merkwürdig, dass ausgerechnet ein Franzose diesen Namen wählte, der doch nach der Entdeckung des Uranus bereits zum Ruhme der britischen Vorherrschaft auf den Weltmeeren ins Spiel gebracht worden war.

Die Nachricht von der Entdeckung verbreitete sich rasch in ganz Europa, und Le Verrier wurde in den höchsten Tönen gelobt und als der Mann gefeiert, der, am Schreibtisch rechnend und ohne einen Blick durchs Teleskop zu werfen, einen neuen Planeten entdeckt hatte. Die normalerweise wohl geordnete wöchentliche Sitzung der Académie des sciences in Paris verwandelte sich am 5. Oktober, als bekannt wurde, dass Le Verrier persönlich teilnehmen würde, in ein öffentliches Spektakel. Hunderte von Men-

Le Verrier erläutert dem französischen
König Louis Philippe seine Entdeckung

schen strömten zur Akademie, um den großen Mann in Person zu
sehen.

Die Pariser Zeitung *Le National* berichtete, dass »die Tür der
Akademie, zu der man gewöhnlich leicht Zutritt erhält, von einer
Menschenmenge blockiert war, und in der Halle große Aufregung
herrschte«. Das Stimmengewirr erregter Zuschauer übertönte den
Sekretär der Akademie, als er das Protokoll der letzten Sitzung ver-
las, das niemanden interessierte. »Der Name Le Verrier war in aller
Munde«, berichtete *Le National*. »Wo saß er? ›Zeigen Sie ihn uns‹,
forderten die Besucher, und der Handbewegung eines regelmäßigen Sitzungsteilnehmers folgend richteten sich alle Blicke auf den
blassen jungen Mann am Ende des grünen Tischs, dessen Gesundheit, vor kurzem noch blühend, unter der Belastung der ungeheuren Aufgabe gelitten hatte ... Der Tisch war mit Glückwunsch-

schreiben der berühmtesten Astronomen aus allen Sternwarten Europas bedeckt, die bei M. Le Verrier anfragten, welchen Namen er seinem Planeten zu geben wünsche. ›Ihre Entdeckung ist die brillanteste in der gesamten Geschichte der Astronomie‹ – so lautete der Tenor der Korrespondenz.«

Doch zu der Zeit hatte Le Verrier seine Meinung bereits geändert. Von jenen, die noch nichts von dem Namen Neptun gehört hatten, wurde der neue Wandelstern häufig als »Le Verriers Planet« bezeichnet. Überwältigt von seinem plötzlichen Ruhm – schließlich war er der Held von Paris – und eingedenk der Tatsache, dass der Uranus in Frankreich lange Zeit unter dem Namen Herschel bekannt gewesen war, beschloss Le Verrier, seine Entdeckung nun doch lieber nicht Neptun zu nennen. Vielmehr wollte er dem Planeten seinen eigenen Namen geben.

Doch bei all seiner Arroganz und Überheblichkeit sah sogar Le Verrier ein, dass es unglaublich anmaßend gewesen wäre, dies selbst vorzuschlagen. Deshalb vertraute er sich Arago an und bat ihn, über den Namen zu entscheiden, wobei er keinen Zweifel daran ließ, welche Wahl er von ihm erwartete. Und nachdem Galles frohlockender Brief, der die Entdeckung schilderte, verlesen war, gab Arago vor der Akademie bekannt, Le Verrier habe ihn gebeten, den Planeten zu benennen. Und er habe sich für den Namen Le Verrier entschieden.

Das sei vollkommen einleuchtend, erklärte Arago den versammelten Zuhörern, denn schließlich würden Kometen in der Regel nach ihren Entdeckern benannt, warum also nicht Planeten? Gewiss sei dies der beste Weg, um den Namen des Mannes zu ehren, »der auf bewundernswerte Weise mit einer völlig neuen Methode die Existenz eines weiteren Planeten bewiesen hat«. Er fügte noch hinzu, auch die Asteroiden sollten künftig die Namen ihrer Entdecker tragen und Uranus solle in Frankreich wieder Herschel heißen.

Aragos Ausführungen waren Unsinn, wie ihm selbst kaum entgangen sein kann. Die Folge wäre gewesen, dass beispielsweise die

Asteroiden Juno und Vesta, die von Heinrich Wilhelm Olbers entdeckt worden waren, denselben Namen getragen hätten. Und die Benennung der Vesta, die Olbers Gauß überlassen hatte, bildete den Präzedenzfall dafür, dass ein Astronom einen anderen bat, einen Namen für seine Entdeckung zu finden. Dennoch sagte Arago: »Ich verpfände mein Wort, dass ich den neuen Planeten niemals anders bezeichnen werde als ›Le Verriers Planet‹. Damit möchte ich einen unumstößlichen Beweis meiner Liebe zur Wissenschaft liefern und meine berechtigte Vaterlandsliebe unterstreichen.«

Am nächsten Tag schickten Le Verrier und Arago Briefe ab, in denen sie den neuen Namen bekannt gaben. Le Verrier änderte noch in letzter Minute die Titelseite seiner gesammelten Abhandlungen über den Uranus, die gerade in Druck gingen, um sie mit Aragos lächerlichem Plan zur Neubenennung der Planeten in Einklang zu bringen. Aus *Untersuchung der Bewegungen des Planeten Uranus* wurde *Untersuchung der Bewegungen des Planeten Herschel*. In einer Fußnote entschuldigte er sich dafür, dass der Planet im übrigen Text stets als Uranus bezeichnet werde. »In meinen künftigen Publikationen«, erklärte er, »werde ich es als meine strikte Pflicht erachten, den Namen Uranus völlig zu vermeiden und den Planeten ausschließlich mit dem Namen Herschel zu bezeichnen. Ich bedaure zutiefst, dass die Drucklegung dieses Werkes bereits so weit fortgeschritten ist, dass ich nicht in der Lage bin, auch hier einem Eid zu folgen, an den ich mich künftig mit frommem Eifer halten werde.« Das Gerangel um den Namen des Planeten sollte sich jedoch als die geringste von Le Verriers Sorgen erweisen.

Am 1. Oktober druckte die *London Times* einen Brief des Amateurastronomen John Hind ab, der erklärte, er habe durch einen Freund in der Berliner Sternwarte von der Entdeckung von »Le Verriers Planeten« gehört. Hind gab die Koordinaten des Planeten an und bemerkte, dass »diese Entdeckung mit Fug und Recht als einer der größten Triumphe der theoretischen Astronomie angesehen werden darf«. Er selbst habe den Planeten von London aus am 30. September trotz starken Mondlichts beobachtet und die Scheibe erkennen können. Sein Brief versetzte Laien und Berufsastronomen in ganz Großbritannien in die Lage, nach dem Planeten Ausschau zu halten.

Zu diesem Zeitpunkt waren die von Adams durchgeführten Berechnungen und Challis' Suche, wie bereits erwähnt, nur einem kleinen Kreis in Cambridge bekannt. Airy machte unterdessen Urlaub auf dem Festland. Von der Entdeckung des neuen Planeten hörte er am 29. September während seines Aufenthalts bei Peter Hansen in Gotha. (Auf seiner Reise besuchte Airy auch Carl Friedrich Gauß und die betagte Caroline Herschel, die nach dem Tod ihres Bruders 1822 nach Hannover zurückgekehrt war.)

Da der Königliche Astronom im Ausland weilte, konnte er in Cambridge auch keine offizielle Verlautbarung zu der Planetensuche abgeben, daher beschloss Sir John Herschel, die von Adams getroffenen Voraussagen schnellstmöglich an die Öffentlichkeit zu bringen. Auch wollte er darauf aufmerksam machen, dass er bereits einige Wochen zuvor in seiner Rede vor der British Association auf die bevorstehende Entdeckung angespielt hatte. Am 3. Oktober schrieb er an die Londoner Wochenzeitung *Athenaeum*, nannte Adams' Namen und machte dessen Arbeit erstmals öffentlich bekannt.

Erst jetzt, schrieb Herschel, könne er erklären, was er im vergangenen Monat in seiner Rede mit der Bemerkung gemeint habe, man könne den neuen Planeten schon erblicken, »wie Kolumbus Amerika von der Küste Spaniens aus sah«. Seine Zuversicht habe darauf beruht, dass er um die Übereinstimmung zwischen den von Le Verrier und Adams getroffenen Voraussagen gewusst habe. »Die bemerkenswerten Berechnungen von M. Le Verrier hätten, solange sie noch nicht von Dritten nachgeprüft oder durch unabhängige Forschungen von anderer Seite erhärtet waren, kaum eine so starke

Zuversicht rechtfertigen können, wie ich sie mit meinen oben erwähnten Äußerungen zum Ausdruck brachte«, erklärte er. »Aber mir war zu dieser Zeit bekannt (ich nehme mir hier die Freiheit, den Königlichen Astronomen als meinen Gewährsmann zu nennen), dass Mr. Adams, ein junger Mathematiker aus Cambridge, ganz unabhängig davon eine ähnliche Untersuchung in Angriff genommen hatte und zu einer mit M. Le Verrier übereinstimmenden Folgerung gelangt war (und zwar ohne etwas von dessen Ergebnissen zu wissen). Ich hoffe, Mr. Adams verzeiht, dass ich hier seinen Namen nenne (da die Angelegenheit von großer historischer Tragweite ist), und ich nehme an, dass er zweifellos zu gegebener Zeit der Öffentlichkeit seine Berechnungen vorlegen wird.«

Zu gleicher Zeit entschied sich Challis, eine Darstellung seiner Suche zu veröffentlichen. Le Verriers dritte Studie hatte ihn Ende September erreicht, und Challis, der nicht wusste, dass der Planet bereits von der Berliner Sternwarte entdeckt worden war, beschloss, die Arbeit an seiner Sternkarte vorübergehend einzustellen und, so wie Le Verrier vorschlug, nach der Scheibe des Planeten Ausschau zu halten. Nachdem er 300 Sterne untersucht hatte, stieß er am 29. September auf einen scheibenförmigen Himmelskörper und notierte seine Position. Am folgenden Tag aber erfuhr er, dass der Planet bereits entdeckt war und er seine Chance verpasst hatte. Sofort schrieb er an den *Cambridge Chronicle*, wo sein Brief am 3. Oktober erschien. Challis berichtete von der Übereinstimmung zwischen den von Adams und Le Verrier getroffenen Vorhersagen und von seinen eigenen Bemühungen, den Planeten mit dem Teleskop zu erspähen. »Da man mir bei der Entdeckung dieses Planeten zuvorgekommen ist, brauche ich die von mir unternommenen Anstrengungen, ihn zu finden, nicht ausführlich darzustellen. Es sei mir jedoch die Bemerkung gestattet, dass ich in den letzten beiden Monaten damit beschäftigt war, die Sterne in der Nachbarschaft des wahrscheinlichen Orts zu verzeichnen, eine Arbeit, die zwar langsam voranging, aber schließlich zweifellos zum Erfolg geführt hätte.«

Adams gab hingegen keine öffentliche Erklärung zur Entdeckung des Neptun ab. Er war bitter enttäuscht, dass Galle den Planeten vor Challis gefunden hatte, aber daran ließ sich nun nichts
mehr ändern. Stattdessen beschloss er, die durch die Entdeckung
gewonnenen Kenntnisse zu nutzen, und schickte sich sofort an, für
den neuen Planeten, dessen exakte Position nun bekannt war, eine
genauere Umlaufbahn zu berechnen.

Airy kehrte am 11. Oktober nach England zurück. Da die Entdeckung in ganz Europa für Aufsehen sorgte, hatte Airy noch vor
seiner Heimreise beschlossen, die Angelegenheit aus englischer
Sicht ausführlich darzustellen. Herschel hatte in seinem Brief an
das *Athenaeum* schließlich angedeutet, dass Airy vollkommen darüber im Bilde gewesen sei, was sich in Cambridge getan hatte. Inzwischen waren sowohl Adams' Berechnungen als auch die ge-
scheiterte Suche in Cambridge der Öffentlichkeit bekannt, also
würde man zweifellos von ihm in seiner Stellung als Königlicher
Astronom erwarten, der Nation eine Erklärung dafür zu liefern,
warum der Planet trotz des von Adams erarbeiteten Vorsprungs
nicht in England entdeckt worden war.

Der eigentliche Grund bestand darin, dass Challis den Planeten
zwei Mal verzeichnet hatte, es aber versäumte, seine Beobachtungen zu analysieren, und daher die Bedeutung seines Funds nicht erkannt hatte. Nachdem der Planet entdeckt war, sah Challis noch
einmal seine Aufzeichnungen durch und stellte entsetzt fest, dass er
den Planeten die ganze Zeit vor der Nase gehabt hatte. »Zu meinem
größten Verdruss habe ich entdeckt, dass meine Beobachtungen
mir den Planeten Anfang August gezeigt hätten, wenn ich sie nur
[untersucht] hätte«, schrieb er am 12. Oktober an Airy.»Nach vier
Tagen der Beobachtung war der Planet in greifbarer Nähe, wenn
ich die Beobachtungen nur ausgewertet oder kartografisch erfasst
hätte.« Challis erklärte, er sei durch Kometenberechnungen über-
lastet gewesen und habe keine Zeit gefunden, seine Beobachtungen
zu analysieren. »Am ärgerlichsten ist, dass ich die Beobachtungen
vom 30. Juli und vom 12. August sogar bis zu einem gewissen Grad

verglichen habe ... und aus irgendeinem unerfindlichen Grund hielt ich plötzlich nur wenige Sterne vor dem Planeten inne. ... Es hat keinen Sinn, jetzt zu bedauern, dass ich den Planeten übersehen habe, als ich so kurz davor war, ihn aufzuspüren. Nun bleibt mir nichts anderes übrig, als das Beste aus den Beobachtungen zu machen, die mir möglich waren.« In einem Postskriptum setzte Challis noch hinzu: »Wir hier in Cambridge meinen, Oceanus wäre ein guter Name für den Planeten.«

Challis, der sich an den schwachen Triumph klammerte, den Planeten als Erster beobachtet zu haben, wenn auch ohne es selbst zu erkennen, schrieb an das *Athenaeum*, wo die englische Diskussion um die Entdeckung hauptsächlich ausgetragen wurde. Bestimmt ist es Challis nicht leicht gefallen, das Scheitern seiner Planetensuche öffentlich einzugestehen. Aber er stellte die Angelegenheit im bestmöglichen Licht dar. »Im Hinblick auf diese bemerkenswerte Entdeckung«, schrieb er, »dürfen auch englische Astronomen ihre Verdienste anmelden.« Challis erklärte, er habe auf Anregung des Königlichen Astronomen im Juli begonnen, nach dem Planeten Ausschau zu halten. Und er habe im Lauf der ersten zwei Wochen die Position des Planeten zwei Mal aufgezeichnet: »Ein Vergleich der Beobachtungen vom 30. Juli und 12. August hätte mir, den von mir angewendeten Forschungsgrundsätzen gemäß, den Planeten offenbart«, gestand er. Aber er habe die Beobachtungen erst dann verglichen, als der Planet von Berlin aus gesichtet worden war. »Der Planet war jedoch dingfest gemacht und zwei seiner Positionen wurden hier sechs Wochen früher aufgezeichnet als in jeder anderen Sternwarte, und zwar im Rahmen einer systematischen, eigens zu diesem Zweck unternommenen Suche.« All das, meinte Challis, bedeute, dass er und Adams einen gewissen Anspruch hätten, den neuen Planeten zu benennen; er sprach sich für Oceanus aus, ein Name, »der möglicherweise den Beifall anderer Astronomen findet«.

Inzwischen war die Ausgabe des *Athenaeum* mit Sir John Herschels Brief nach Paris gelangt und löste dort einen Aufschrei der

Empörung aus. Wer war dieser Adams, fragten französische Astronomen, und warum hatte er bis jetzt geschwiegen? Le Verrier war außer sich. Besonderen Anstoß nahm er an Herschels Äußerung, eine einzige Berechnung sei erst dann vertrauenswürdig, wenn sie durch eine zweite bestätigt würde. Er begann eine hitzige Korrespondenz mit Airy, die sich über mehrere Wochen hinzog. Le Verrier beschwerte sich darüber, dass Herschel die Idee verbreite, seine Berechnung allein sei nicht genug. »Oh! Das Vertrauen von M. Herschel zu verdienen wäre zweifellos eine große Ehre«, höhnte er. Da Airy bisher so große Bewunderung für sein Werk geäußert hatte, hoffte Le Verrier offenbar, der Königliche Astronom werde in England eine Lanze für ihn brechen.

Deshalb erstaunte es ihn sehr, als er einen Brief von Airy erhielt, in dem zum ersten Mal offenbar wurde, dass er ein doppeltes Spiel getrieben hatte, indem er Adams' Arbeit verschwieg. Airy gratulierte Le Verrier höflich zu seiner Entdeckung und fuhr dann ziemlich verlegen fort: »Ich weiß nicht, ob Sie darüber im Bilde sind, dass in England zur gleichen Zeit Forschungen unternommen wurden und dass sie zu exakt demselben Ergebnis geführt haben wie die Ihren. Ich halte es für wahrscheinlich, dass man mich bitten wird, darüber Rechenschaft abzulegen. Wenn ich in diesem Fall mein Lob anderen erteile, bitte ich darum, dies nicht so aufzufassen, als würde das in irgendeiner Weise meiner Würdigung Ihrer Ansprüche Abbruch tun. Zweifellos gebührt Ihnen Anerkennung als derjenige, der tatsächlich den astronomischen Ort vorhergesagt hat. Ich möchte hinzufügen, dass die englischen Untersuchungen, wie ich meine, nicht ganz so umfassend waren wie die Ihren. Sie waren mir jedoch früher bekannt als die Ihren.«

Le Verrier hatte nichts von Adams' Berechnungen geahnt, weil Airy sie in dem Brief, mit dem er sich nach dem Radiusvektor erkundigte, seltsamerweise nicht erwähnt hatte. Noch mehr empörte ihn, dass Airy nun schrieb, Oceanus sei ein besserer Name als Neptun, denn er sei »in seinem Charakter dem seines Vorgängers Uranus ähnlicher«.

Für die französischen Astronomen lag auf der Hand, was hier gespielt wurde: Die Engländer versuchten, die Entdeckung gewaltsam an sich zu reißen. Es stellte sich heraus, dass Challis am 5. Oktober in einem Brief an Arago und andere Astronomen geschildert hatte, er habe den neuen Planeten am 29. September gesichtet, als er auf Anregung Le Verriers nach einer Scheibe Ausschau hielt; Adams erwähnte er dabei mit keinem Wort. Nun behauptete er aber in England, er habe den Planeten bereits im August gesehen, und zwar aufgrund von Adams' Berechnungen. Le Verrier stand vor einem Rätsel. Challis, so klagte er in einem weiteren wütenden Brief an Airy, »sagt in Frankreich ›weiß‹ und in England ›schwarz‹«.

Die Kontroverse um den neuen Planeten stand im Mittelpunkt der Sitzung der französischen Académie des sciences am 19. Oktober in Paris. Im Gegensatz zu der triumphierenden Stimmung der Zusammenkunft vom 5. Oktober herrschte nun wütende Empörung. Arago verteidigte Le Verrier in einer langen und leidenschaftlichen Rede und griff die »heimliche« Arbeit von Adams an. »Heute wird von Le Verrier verlangt, er solle den Ruhm, den er so treu, so redlich verdient hat, mit einem jungen Mann teilen, der die Öffentlichkeit im Dunkeln gelassen hat und dessen mehr oder weniger unvollständige Berechnungen in den Sternwarten Europas völlig unbekannt sind! Nein! Nein! Die Freunde der Wissenschaft werden eine solch schreiende Ungerechtigkeit nicht zulassen.«

Arago zitierte ausführlich aus den Briefen von Airy, Herschel und Challis und zeigte die darin enthaltenen Widersprüche auf. Warum musste sich Airy bei Le Verrier nach dem Radiusvektor erkundigen, wenn er bereits die Voraussagen von Adams hatte – warum fragte er nicht einfach Adams? Warum behauptete Challis erst, dem Rat Le Verriers zu folgen, und im nächsten Augenblick, er sei dem Hinweis von Adams nachgegangen? »Mr. Adams«, sagte Arago abschließend, »hat kein Recht, in der Geschichte der Entdeckung des Planeten Le Verrier aufzutreten, weder in Form lobender Erwähnung noch durch die kleinste Anspielung. In den Augen eines jeden

Unparteiischen wird diese Entdeckung einer der herrlichsten Triumphe der astronomischen Theorie bleiben, die unserer Akademie zur Ehre gereicht und unserem Land den edelsten Anspruch auf die Dankbarkeit und Bewunderung der Nachwelt sichert.«

Auch die Zeitung *Le National* stellte sich auf die Seite von Le Verrier. Am 21. Oktober erschien dort unter der Überschrift »Planetendiebstahl« ein Artikel, der Airy, Herschel und Challis beschuldigte, »eine üble Intrige« auszuhecken, um Le Verrier um seine ehrenvolle Entdeckung zu bringen. Die drei Männer seien, so hieß es in der Zeitung in Anlehnung an Aragos Rede, jedoch selbst als Diebe unfähig, da sie sich bei widersprüchlichen Aussagen ertappen ließen. Wie gelegen komme es da doch, dass Adams das Problem angeblich im Oktober 1845 gelöst habe, bevor Le Verrier etwas zu dem Thema veröffentlicht hatte – und trotzdem sei fast ein Jahr vergangen, bevor die Engländer anfingen, nach dem Planeten zu suchen. »Es besteht nun nicht mehr der geringste Zweifel«, fuhren die Verfasser sarkastisch fort, »dass dies der junge Mann ist, der den Planeten entdeckt hat, und weil er zu bescheiden ist, ihn Adamus zu nennen, nennt er ihn Okeanos; denn das ist sein gutes Recht. ... Wie können aber die Herren Herschel, Airy und Challis im Angesicht von ganz Europa bloß etwas so Grundfalsches behaupten? Wir können uns das nicht erklären.« Die Autoren des Artikels, die nur mit »D. und T.« zeichneten, fügten hinzu, dass »es hier sicherlich nicht um Nationalismus geht; Wissenschaft kennt keine Grenzen, ebenso wenig wie Ehre oder Wahrheit«.

In Wirklichkeit standen natürlich heftige nationalistische Regungen hinter den unaufhörlichen Attacken französischer Zeitungen gegen die englischen Astronomen. *L'Univers* beschuldigte sie eines »abscheulichen Nationalneids«, und *L'Illustration* veröffentlichte eine ganze Reihe von Karikaturen über Adams. Eine zeigte ihn mit einem Narrenhut auf dem Kopf durch ein Teleskop über den Ärmelkanal hinweg in Le Verriers Aufzeichnungen spähend, eine andere falsch herum durch ein Teleskop blickend.

Den Angriffen der Franzosen begegnete die englische Presse mit

Herablassung. »Wir wünschten, die Ehre dieser großen Tat wäre ganz dem englischen Gelehrten zugefallen, doch weit über solchem Nationalgefühl steht unser Wunsch, dass Gelehrte keine derartigen Trennungslinien untereinander ziehen mögen«, hieß es im *Athenaeum*. «Die kleinlichen Eifersüchteleien auf der Erde sind zu armselig und gemein, um sie zu den Sternen hinaufzutragen. Um Mr. Le Verriers Verdienste zu würdigen, müssen wir die von Mr. Adams keineswegs übersehen. Je wertvoller Mr. Le Verriers Entdeckung, umso wichtiger war es, dass unsere englischen Gelehrten gezeigt haben, dass sie ihr ebenfalls auf der Spur waren.«

Adams selbst schenkte diesem Streit der Nationen keinerlei Aufmerksamkeit. Seine Haltung lässt sich am besten durch einen Leitspruch wiedergeben, den er sich als Student notierte: »Blicke ohne Neid auf den Erfolg anderer und ohne Stolz auf deinen eigenen.«

Nicht nur in Frankreich wurden Challis und Herschel gerügt. Das Erscheinen ihrer Briefe erregte auch in England den Unmut von Astronomen, die meinten, man hätte sie über Adams' Berechnungen informieren müssen. Zurecht empört war Hind, der mehrere Monate lang mit Challis über die Suche nach dem neuen Planeten korrespondiert hatte, nur um dann im Oktober festzustellen, dass Challis ihm Adams' Ergebnisse verheimlicht hatte.

Hind beschwerte sich bei Richard Sheepshanks, einem führenden Mitglied der Royal Astronomical Society. Die Astronomen in Cambridge, so vermutete er, hätten Adams' Arbeit für sich behalten, um den Planeten als Erste zu entdecken. »Die Leute in Cambridge denken zuerst an sich«, schrieb er an Sheepshanks und klagte: »Ich bin mir sicher, dass Ihnen die unverzeihliche Heimlichtuerei aufgefallen ist, die von allen gepflegt wurde, die mit Mr. Adams' Ergebnissen vertraut waren.« In der Tat war Sheepshanks die Heimlichtuerei nicht entgangen, denn da er selbst eng mit Cambridge verbunden war, hatte auch er zu dem kleinen Kreis von Eingeweihten gehört.

Französische Karikaturen über Adams

Am 13. November wurde die Sache auf einer ungewöhnlich gut besuchten Sitzung der Royal Astronomical Society in London in aller Ausführlichkeit öffentlich diskutiert. Airy, Challis und Adams hielten Ansprachen, um ihre Rolle in der Angelegenheit zu erläutern. Unter den gespannt lauschenden Zuschauern befanden sich neben vielen führenden Wissenschaftlern des Landes auch Adams' Brüder George und Thomas. Die Angehörigen und Freunde des jungen Mathematikers hatten den Eindruck, dass er von Airy und Challis betrogen worden war, und George und Thomas waren angereist, um mitzuerleben, wie die beiden renommierten Astronomen für ihre Fehler zur Rechenschaft gezogen wurden.

Airy kam als Erster zu Wort. Sein Vortrag trug den feierlichen Titel »Bericht über einige Umstände, die historisch mit der Entdeckung des Planeten jenseits des Uranus in Verbindung stehen«. Der Königliche Astronom betonte zunächst die Bedeutung der Entde-

ckung. »In der gesamten Geschichte der Astronomie – beinahe hätte ich gesagt, in der gesamten Geschichte der Wissenschaft – gibt es nichts, was damit vergleichbar wäre«, erklärte er. Zwar seien Le Verrier und Galle für die Entdeckung verantwortlich, aber »wir würden Unrecht tun, wenn wir meinen, dass diese beiden Forscher allein als Urheber der Entdeckung dieses Planeten anzusehen wären. Nach meiner Überzeugung wird sich zeigen, dass die Entdeckung eine Folge dessen ist, was man richtigerweise die Entwicklung der Epoche nennen könnte; und sie wurde vom Denken der wissenschaftlichen Welt insgesamt vorangetrieben.«

Airy holte weit aus und betonte, dass die Entdeckung auf jeden Fall früher oder später erfolgt wäre und die Fixierung auf den Beitrag eines Einzelnen ein Fehler sei. Schließlich habe es schon in den dreißiger Jahren Spekulationen um einen Planeten jenseits des Uranus gegeben. Angereichert mit Zitaten aus seinem Briefwechsel mit

Adams, Challis und Le Verrier, erzählte Airy die Geschichte in aller Ausführlichkeit. Sich selbst präsentierte er als vorurteilsfreien, unparteiischen Kenner der Geschichte der Ereignisse, die zu der Entdeckung geführt hatten, da er selbst »unmittelbar weder zu den theoretischen noch zu den praktischen Teilen der Entdeckung beigetragen« hatte. Mit anderen Worten, der Königliche Astronom tat sein Bestes, um sich aus der Kontroverse herauszuhalten, indem er alles so darstellte, als habe er auf die ganze Sache keinen direkten Einfluss ausgeübt und sei deshalb über jeden Tadel erhaben.

Natürlich war Airys Darstellung nicht ganz ehrlich. Sein Versäumnis, den Brief zu beantworten, in dem Le Verrier Angaben zum Radiusvektor und einer genaueren Position des Planeten machte, begründete er folgendermaßen: »Angesichts meiner bevorstehenden Abreise auf den Kontinent hätte es keinen Sinn gehabt, M. Le Verrier mit einer Bitte um genauere Zahlen zu belästigen, auf die er anspielt.« In Wirklichkeit hatte dieses Ereignis sechs Wochen vor Airys Abreise stattgefunden – er hätte also genügend Zeit gehabt, um an Le Verrier zu schreiben.

Zum Abschluß seiner Rede rechtfertigte Airy noch einmal sein Verhalten. Zunächst erklärte er, es sei keineswegs ungewöhnlich, wenn man einem handschriftlichen Brief weniger Aufmerksamkeit beimesse als einer Abhandlung in einer Fachzeitschrift. Noch einmal betonte er seine Überzeugung, die Entdeckung des Planeten sei eine »Entwicklung der Epoche« gewesen. Zuletzt räumte er ein, dass in gewissen Fällen »die Publikation von Theorien, sofern diese so weit gereift sind, dass kein Zweifel an ihrer allgemeinen Richtigkeit besteht, nicht hinausgezögert werden sollte, bis die Theorien zu höchster Perfektion ausgearbeitet sind«. Und er gab zu verstehen, der Planet wäre wohl alsbald gefunden worden, wenn Adams seine Ergebnisse im Oktober 1845 veröffentlicht hätte.

Der nächste Redner war Challis, der sich in seinem Vortrag selbst in einem äußerst unvorteilhaften Licht darstellte. Er hatte Adams' Vorhersage der Planetenposition noch früher erhalten als Airy, hatte aber nichts unternommen. Als er fast ein Jahr später schließlich die Suche einleitete, sah er den Planeten zweimal, ohne es zu merken, und dann kam ihm Galle mit der Entdeckung zuvor. Selbst der Chronist der Royal Astronomical Society schilderte später Challis Geschichte als »erbärmlich ... gewiss wurde nie eine schwächere Darstellung geliefert. Allerdings muss man ihm seine Ehrlichkeit zugute halten. Niemandem käme auf die Idee, ihre Wahrhaftigkeit anzuzweifeln, denn was könnte einen Mann veranlassen, einer Begebenheit einen solchen Anstrich zu verleihen?«

Zuletzt lieferte Adams eine Zusammenfassung seiner Methode und seiner Berechnungen, wobei er sich stärker auf mathematische Einzelfragen als auf die Entdecker- und die Schuldfrage konzentrierte. Zwar erklärte er, seine Studie früher abgeschlossen zu haben als Le Verrier, doch besitze dieser, wie er gern zugestehe, trotzdem den »rechtmäßigen Anspruch auf die Ehre der Entdeckung, denn es steht außer Zweifel, dass seine Forschungen zuerst der Welt bekannt gemacht wurden und zur tatsächlichen Entdeckung des Planeten durch Dr. Galle führten«.

Adams war der Einzige der drei Redner, der sich auf der Sitzung der Royal Astronomical Society nicht zum Narren machte. In den Wochen nach der Entdeckung hatten die meisten englischen Astronomen Le Verrier als den alleinigen Entdecker betrachtet, weil ihnen der Name Adams kaum mehr sagte als den Franzosen. Aber nachdem sie gehört hatten, wie Adams seine Berechnungen persönlich erklärte, erkannten sie, dass seine Resultate nicht auf beliebigen Kritzeleien beruhten, wie Airy und Arago suggeriert hatten, sondern eine sehr genaue Untersuchung des Problems darstellten, die zur Entdeckung des Planeten hätte führen müssen, wenn Challis die Sache nicht verpfuscht hätte.

Im Licht der beeindruckenden Darlegung von Adams' Berechnungen wurde das ganze Ausmaß von Airys und Challis' Versäumnis sichtbar. Man unterstellte den beiden auch, sie hätten in heimlichem Einverständnis gehandelt, um Adams' Ergebnisse der Öffentlichkeit vorzuenthalten. Dieser Vorwurf war nicht ganz unberechtigt. Walter White, ein Mitglied der Royal Society, der an der

Sitzung teilnahm, vermerkte in seinem Tagebuch: »Nach dem Vortrag von Mr. Airy gewinnt man den Eindruck, dass er nicht ganz unschuldig daran ist, wenn die Entdeckung des neuen Planeten durch Adams aus Cambridge nicht vollständig realisiert wurde, und anscheinend wurde auch der Versuch unternommen, die Sache auf einen kleinen Kreis von Eingeweihten in Cambridge zu beschränken, um Challis und das Northumberland-Teleskop davon profitieren zu lassen.« Der schottische Wissenschaftler Sir David Brewster, ein erbitterter Kritiker Airys, deutete in einem Artikel für die *North British Review* Ähnliches an. Challis sei »bestrebt gewesen, Mr. Adams die Ehre der Entdeckung und Cambridge den Ruhm der ersten Beobachtung des Planeten zu sichern«.

Nicht nur die Mitglieder der Royal Astronomical Society schossen sich auf Airy ein, auch in Cambridge wehte ihm ein scharfer Wind entgegen, weil er nichts unternommen hatte, nachdem Adams' Vorhersagen vorlagen. Professor Adam Sedgwick, ein Geologe vom Trinity College, der sowohl mit Airy als auch mit Adams befreundet war, soll ausgerufen haben: »Oh! Fluch ihren umnebelten Seelen!«, als er beim Tee im Gemeinschaftsraum erfuhr, Challis und Airy hätten es zugelassen, dass Galle ihnen mit der Entdeckung zuvorkam. Sedgwick brachte die allgemeine Stimmung in einem empörten, beinahe unleserlichen Brief an Airy zum Ausdruck, in dem er dem Königlichen Astronomen seine Gleichgültigkeit gegenüber Adams vorwarf. »Wären die Ergebnis, die Ihnen und Challis mitgeteilt wurden, nach Berlin geschickt worden, so höre ich, wäre der neue Planet mit Gewissheit entdeckt worden, so zielsicher waren sie ... und die ganze Angelegenheit wäre 1845 geregelt gewesen – Adams, der einzige Entdecker, ohne Rat und Beistand von Dritten. Ist das wahr? Wenn ja, muss ich in den Chor der Unzufriedenen einstimmen. Um das Geringste zu sagen, eine großartige Gelegenheit wurde weggeworfen«, zürnte Sedgwick, der, nach seiner Handschrift zu urteilen, seinen Zorn kaum bändigen konnte. Und was sei gewesen, so fragte Sedgwick weiter, als Le Verriers zweite Untersuchung mit einer Schätzung des Längengrads des Planeten im Sommer erschien? »Warum in aller Welt wurde nicht ganz Europa laut und vernehmlich darüber aufgeklärt, dass ein Bachelor of Arts aus Cambridge das bereits zehn Monate früher geleistet hatte?«

In seiner Antwort versuchte Airy erneut den Eindruck zu erwecken, er habe mit der Sache wenig zu tun. »Wer bei einem Streit dazwischengeht, holt sich nicht selten eine blutige Nase«, bemerkte er. Er habe an Adams geschrieben und sich nach dem Radiusvektor erkundigt, aber keine Antwort erhalten, was ihn »davon abhielt, noch einmal zu schreiben«. Das sollte begründen, dass er bis zum Erscheinen von Le Verriers Studie keine Veranlassung gesehen habe, »den Ergebnissen zu vertrauen«. Was die Publikation von Adams' Berechnungen anging, darum hätten sich Adams selbst oder Challis kümmern müssen, meinte Airy von oben herab.

In einem seiner vielen Briefe an Le Verrier räumte Airy jedoch ein, dass Adams doch allen Grund habe, über das mangelnde Interesse an seinen Resultaten zu klagen. »Sie zeigen sich überrascht, dass man denkt, die Ergebnisse mathematischer Untersuchungen bedürften der Bestätigung«, schrieb er. »Wenn irgendjemand berechtigt wäre, sich deshalb zu beklagen, dann ist es Mr. Adams; denn wir haben abgewartet, bis Mr. Adams' Ergebnisse durch die Ihren bestätigt wurden, und nicht bis die Ihren durch Mr. Adams Bestätigung fanden. Ein Zeichen kann falsch abgeschrieben, ein Dezimalkomma falsch gesetzt, eine Drei für eine Acht gehalten werden – gegen solche Fehler ist man nie gefeit, außer man rechnet alles noch einmal unabhängig nach.«

Airys fortgesetzte Bemühungen, seine Beteiligung an der Affäre herunterzuspielen, wurden auch durch eine Verschwörungstheorie infrage gestellt, die im Dezember 1846 die Runde machte. Sei es nicht denkbar, so fragte man, dass Airy mit Le Verrier in geheimem Einverständnis gestanden habe? Diese wenig überzeugende Theorie wurde in der Zeitschrift *Mechanics' Magazine* in einem Artikel

mit der Überschrift »Adams, der Entdecker des Neuen Planeten«
vorgetragen. Der Verfasser, der mit dem Namen Exoniensis zeichnete, verfocht sie mit großer Vehemenz. Er erklärte, es könne kein
Zweifel bestehen, dass Adams als Erster Existenz und Position des
Planeten vorhergesagt habe, da er seine Ergebnisse bereits im Oktober 1845 bei Airy abgeliefert habe. »Es ist müßig und lächerlich,
die Frage hinsichtlich des Vorrangs der Entdeckung überhaupt
noch aufzuwerfen. Zu diesem Zeitpunkt besaß Mr. Adams keinen
Konkurrenten; und wären seine erstaunlichen Leistungen von den
englischen Astronomen, denen er sie mitteilte, entsprechend ge-
würdigt worden, dann wäre der äußere Planet zweifelsfrei gesichtet
worden.«

Warum hatte Airy gezaudert? Die Antwort lautete, so der Artikel, dass er mit Le Verrier konspiriert, ihm Adams' Ergebnisse weitergereicht und ihn auf die Spur des Planeten gebracht habe. Das,
meinte der Autor, würde auch erklären, warum die beiden vorhergesagten Positionen so nahe beieinander gelegen hätten. Wenn Airy
mit Le Verrier unter einer Decke gesteckt hätte, so wäre auch verständlich, warum er Le Verriers Ergebnissen mehr vertraut hätte als
denen von Adams. »Was auf Englisch fragwürdig erschien, war auf
Französisch fehlerfrei ... Es ist äußerst schmerzlich und ärgerlich
zu beobachten, wie Mr. Adams, der unbestrittene Pionier und Entdecker, verleumdet wird, wie seine Verdienste nahezu zum Ver-
schwinden gebracht werden, während Mr. Le Verrier, der das Feld
erst Monate später betrat, nachdem Mr. Adams es zur Gänze erobert hatte, das wärmste Lob erntet. Wird die britische Öffentlichkeit es stillschweigend hinnehmen, dass einer ihrer begabtesten
Bürger seiner Rechte beraubt und die Ergebnisse seiner erstaunlichen Anstrengungen in Abrede gestellt werden? Ich hoffe nicht.«

Noch Ende 1846 tobte die Auseinandersetzung um die Entdeckung des Planeten unvermindert weiter. Astronomen wechselten
wütende Briefe, die oft auch ihren Weg in die Fachzeitschriften fanden. Wissenschaftler in ganz Europa stritten darum, wie hoch
Adams' Verdienste einzuschätzen seien, wer für das Versagen Eng-

lands die Verantwortung trage; und sogar, welchen Namen der neue Planet bekommen solle.

Der internationale Aufruhr um den neuen Planeten stand in krassem Gegensatz zu der relativ unkomplizierten Entdeckung des Uranus durch Wilhelm Herschel. Er war bereits 1822 verstorben und erfuhr nicht mehr, dass als indirekte Folge seiner Arbeit ein weiterer Planet gefunden worden war, aber seine Schwester Caroline erlebte es noch. Die 96-Jährige erhielt die Nachricht durch einen Brief von John Herschels Frau Margaret.

Bedenkt man den indirekten Einfluss seines Vaters auf die Entdeckung des neuen Planeten, erscheint es nicht ganz unpassend, dass schließlich John Herschel eine entscheidende Rolle bei der Beilegung des Disputs zufiel.

Kapitel 9
Eine elegante Lösung

Airy hört es und will es nicht glauben;
Challis sieht es, traut nicht seinen Augen.

Slogan in Cambridge (1846)

Das Jahr 1846 ging zur Neige, und immer noch bestand wenig Hoffnung auf einen baldigen Frieden. Mit Schrecken nahm Sir John Herschel zur Kenntnis, wie wütend er in Frankreich unter Beschuss genommen wurde. »Den halben Tag im Bett nach einer schlaflosen Nacht«, notierte er am 25. Oktober in seinem Tagebuch, nachdem er von Le Verrier in einem »erbosten« Brief an den *Guardian* scharf kritisiert worden war. Beim Abfassen seiner Antwort bemühte sich Herschel jedoch um einen versöhnlichen Ton.

Als er Adams' Untersuchung bekannt machte, erklärte Herschel in seinem Brief, habe er nicht beabsichtigt, Le Verriers Leistung zu schmälern. »Ich bedaure zutiefst, dass Mr. Le Verrier meine Mitteilung an das *Athenaeum* zum Anlass nimmt, sich gekränkt oder beleidigt zu fühlen«, schrieb er an den *Guardian*. «Nichts lag weniger in meiner Absicht, als dem Ruhm seiner edlen Entdeckung Abbruch zu tun oder auch nur ein Blatt aus dem Lorbeerkranz zu stehlen, den er sich so redlich verdient hat. Der Ehrenpreis gebührt ihm nach allen Gesetzen eines fairen Richterspruchs, und in ganz England gibt es niemanden, der ihm das Erreichte nicht gönnt.« Und wie Herschel anmerkte, erkannte auch Adams selbst »Mr. Le Verriers Eigentum an der Entdeckung an«.

Es entbehrt nicht einer gewissen Ironie, dass auch Herschel, wie er mittlerweile wusste, der Planet einige Jahre zuvor knapp entgangen war. Am 14. Juli 1830 hatte er einen Himmelsabschnitt beobachtet, der nur ein halbes Grad von der damaligen Position des Planeten entfernt war und sich dabei eines starken Teleskops bedient, das ihm die Scheibe des Planeten deutlich gezeigt hätte. Aber hätte er den Himmelskörper auf diese Weise entdeckt, überlegte er, dann hätte er Adams und Le Verrier die ehrenvolle Möglichkeit genommen, seine Existenz mathematisch abzuleiten. »Es ist besser, wie es ist«, schrieb er an einen Freund. »Es würde mir Leid tun, wenn er durch Zufall oder nur durch seine Erscheinung aufgespürt worden wäre. So aber ist es ein edler Triumph für die Wissenschaft.« Hier zeigt sich ein weiterer Grund, warum Herschel darauf bedacht war, den Streit um den neuen Planeten zu beenden: Er befürchtete, das öffentliche Gezänk werfe ein schlechtes Licht auf die Wissenschaftler und die Bedeutung der Entdeckung könne schließlich in der Schlammschlacht und in den gegenseitigen Beschimpfungen untergehen. Wie viele andere viktorianische Wissenschaftler sah Herschel in der Entdeckung eine Möglichkeit, die Öffentlichkeit generell für die Wissenschaft zu begeistern.

Auch im Hinblick auf die strittige Namensgebung bekundete Herschel seinen Versöhnungswillen. Während sich auf dem Festland viele Astronomen für Neptun entschieden hatten, beharrten die Franzosen weiterhin auf dem Namen Le Verrier. In England war man in dieser Frage gespalten. Den Planeten Le Verrier zu nennen wäre nicht nur eine Taktlosigkeit gegenüber Adams gewesen, sondern hätte auch einen gefährlichen Präzedenzfall für den Bruch mit der mythologischen Tradition geschaffen. Wie W. H. Smyth, der Präsident der Royal Astronomical Society, gegenüber Airy bemerkte: »Die Mythologie ist neutrales Terrain ... denken Sie nur, wie peinlich es wäre, wenn der nächste Planet von einem Deutschen entdeckt würde, von einem Bugge, einem Funk oder von Ihrem zotteligen Freund Boguslawski!«

Der Name Oceanus, den Challis im Einvernehmen mit Adams vorgeschlagen hatte, wurde nur in Cambridge ernsthaft in Erwägung gezogen. Chronos, Hyperion, Atlas, Atreus und selbst Gravia (zu Ehren der Gravitationstheorie) waren von verschiedenen

John Herschel

Astronomen ins Gespräch gebracht worden, fanden aber wenig Anklang. Da Le Verrier mittlerweile den Namen Neptun vehement ablehnte (er fand ihn »abscheulich«) und sich für Oceanus gewiss nicht erwärmen würde, schlug Herschel als Kompromiss Minerva vor. (Schon 1782 war Minerva neben Oceanus und Neptun als Namen für den Uranus erwogen worden.)

Nach der Sitzung der Royal Astronomical Society am 13. November, auf der erneut Empörung aufwallte, unternahm Herschel weitere Schritte, um endlich die Wogen zu glätten. Sheepshanks, der die Ansprüche von Adams und Challis lautstark verteidigte, verstieg sich zu der Forderung, man solle nicht Galle als Entdecker des Planeten würdigen, sondern Challis, der ihn schließlich zuerst gesehen habe – auch wenn es ihm damals nicht klar gewesen sei. Herschel erklärte, diese lächerliche Idee werde die Franzosen nur noch weiter aufbringen. »Auch wenn der Neptun es verdient hätte, als waschechter Engländer und in Cambridge zur Welt zu kommen«, schrieb er an Sheepshanks, sei es doch unmöglich, »ihn zur englischen Entdeckung zu erklären, wie immer man das anstellt«. Weiter mahnte er in seinem Brief, die Royal Astronomical Society solle es vermeiden, für Adams oder für Le Verrier Partei zu ergreifen.

Die Royal Astronomical Society, die 1781 Wilhelm Herschel für die Entdeckung des Neptun die Copley-Medaille verliehen hatte, wollte Le Verrier in derselben Weise ehren und sprach ihm deshalb am 30. November 1846 die Auszeichnung zu. Inzwischen hatte Herschel Frieden mit Le Verrier geschlossen, und dieser bat ihn sogar, die Copley-Medaille stellvertretend für ihn entgegenzunehmen, was Herschel später auch tat. Doch Adams, so meinte John Herschel, verdiene ebenso wie Le Verrier eine Anerkennung, und schlug deshalb vor, die Royal Astronomical Society, die noch über die Vergabe ihrer jährlichen Goldmedaille zu entscheiden hatte, solle zwei Medaillen verleihen. Der Vorstand der Royal Astronomical Society zeigte sich in dieser Frage jedoch zutiefst gespalten. Airy hatte, um unparteiisch zu erscheinen, Adams, Challis und Le Verrier für die Auszeichnung vorgeschlagen, und auch verschiedene andere Astronomen waren nominiert worden. Die Folge war, dass kein Kandidat genügend Stimmen erzielte. Im Lauf des Dezembers korrespondierte Herschel eifrig mit den Vorstandsmitgliedern, um für seine Kompromisslösung zu werben. Er schlug auch vor, im Wortlaut der Auszeichnung »die geringste Anspielung auf das hässliche Wort ›Erster‹ zu vermeiden«. Die Debatte wurde so hitzig geführt, dass Herschel am Schluss eines Briefes an Sheepshanks sogar einmal schrieb: »Verbrennen Sie dies.«

Auch Airy tat sein Bestes, um die Auseinandersetzungen zu beenden, obwohl ihn »sowohl Engländer als auch Franzosen auf das Gröbste beschimpft« hatten, wie er später in seiner Autobiografie beklagt. Nach einem wütenden Briefwechsel mit Le Verrier, in dem Airy sich darüber empörte, dass seine Privatkorrespondenz mit Le

Verrier in französischen Zeitungen erschienen war, legten die beiden Wissenschaftler ihren Streit bei und kehrten zu einer herzlichen Beziehung zurück. Die Attacken in der französischen Presse waren unterdessen so heftig geworden, dass sowohl Le Verrier als auch Arago an Airy schrieben, um sich von den Äußerungen ihrer Landsleute zu distanzieren. Der Königliche Astronom schloss auch mit Challis Frieden, nachdem beide sich in einem etwas angespannten Briefwechsel gegenseitig vorgeworfen hatten, den Schwarzen Peter weitergereicht zu haben.

Adams, der sich an der öffentlichen Auseinandersetzung um die Erstentdeckung nicht beteiligte, entschuldigte sich brieflich bei Airy für sein Versäumnis, dessen Frage nach dem Radiusvektor zu beantworten. Er habe »die Bedeutung, die Sie meiner Antwort in diesem Punkt beimaßen«, nicht erkannt, gab aber zu, er sei »sehr verletzt gewesen, dass ich Sie nicht sprechen konnte, als ich zum zweiten Mal die Königliche Sternwarte besuchte, denn ich war überzeugt, dass die ganze Angelegenheit durch ein Gespräch von einer halben Stunde besser erklärt werden konnte als durch mehrere Briefe«. Auch er unterhielt bald einen unbeschwerten Briefwechsel mit Airy, wobei er weit größeres Interesse für die Erörterung der Bahneigenschaften des neuen Planeten zeigte als für die Umstände seiner Entdeckung.

Der Ordnungsfanatiker Airy ließ alle diese Briefe, auch Adams' erstes Schreiben, das die Position des neuen Planeten voraussagte, zusammen mit einem Stapel Zeitungsausschnitten und anderen diesbezüglichen Dokumenten, binden und legte die Sammlung mit dem Titel »Unterlagen, die mit der Entdeckung, den Beobachtungen und Elementen des Neptun zusammenhängen« im Archiv der Königlichen Sternwarte ab.

Anfang 1847 standen den Astronomen Europas sämtliche Fakten zur Verfügung. Le Verriers Untersuchungen waren im Vorjahr veröffentlicht worden, und Adams' Arbeit mit den Einzelheiten seiner

Berechnungen war als Sonderbeilage des *British Nautical Almanac* erschienen. Auch die Darlegungen von Airy, Challis und Adams vor der Royal Astronomical Society hatten weite Verbreitung gefunden. Die Folge war, dass sich allmählich ein Konsens um die nach wie vor ungeklärte Frage der Namensgebung und der Erstentdeckung herauskristallisierte. Nicht zuletzt die Eleganz von Adams' Studie überzeugte viele Astronomen, dass auch er einen gewissen Anspruch auf die Entdeckung anmelden konnte.

Der dänische Astronom erklärte, Adams' Studie sei nach seiner Ansicht mathematisch schöner als die von Le Verrier. Mit dieser Meinung stand er nicht allein. In einem Brief an den französischen Astronomen Jean Baptiste Biot in Paris gab Airy zu: »Ich glaube, insgesamt ist seine mathematische Untersuchung jener von M. Le Verrier überlegen. Jedoch sind beide so beeindruckend, dass diese Frage schwer zu entscheiden ist.« Biot war der Verfasser eines versöhnlichen Artikels, in dem er einräumte, Adams habe die Existenz des neuen Planeten noch vor Le Verrier bewiesen, auch wenn er seine Ergebnisse nicht veröffentlicht habe. Er schrieb: »Ich sehe nur einen begabten jungen Mann, dem dies eine Mal die Umstände übel mitgespielt haben, dem man aber dennoch Beifall spenden muss. Ich sage ihm: Den Lorbeer, den Sie zuerst verdienten, hat auch ein anderer verdient, und er hat ihn sich geholt, bevor Sie die Kühnheit hatten, danach zu greifen.«

Herschel versuchte nach wie vor, die Royal Astronomical Society zu veranlassen, ihre Regeln zu ändern und zwei Medaillen zu verleihen, wovon er sich einen »heilsamen und wohltuenden Einfluss« versprach. Bei einer zweiten Sitzung des Vorstands, bei der es um die Verleihung der Goldmedaille ging, wurden nur noch zwei Kandidaten in die engere Wahl gezogen: Adams und Le Verrier. Aber keiner von beiden erhielt die erforderlichen zwölf Stimmen, weil fünf der 15 Vorstandsmitglieder mittlerweile Adams unterstützten.

Trotz der zögerlichen Haltung der Royal Astronomical Society gewann Herschels Anregung, dass beide Forscher gleichermaßen

eine Würdigung verdienten, anderswo rasch an Boden. Adams'
Anspruch als Entdecker war bei einer Sitzung der Kaiserlichen
Akademie der Wissenschaften in St. Petersburg von russischen
Astronomen bestätigt worden. Neptun sei der angemessene Name
für den neuen Planeten, meinten die Russen, denn »der Name Le
Verrier würde der gültigen Analogie und der historischen Wahrheit
zuwiderlaufen, schließlich lässt sich nicht leugnen, dass Mr. Adams
der Erste war, der diesen Himmelskörper auf theoretischem Wege
entdeckt hat, auch wenn es ihm versagt blieb, durch seine Hinweise
einen unmittelbaren Erfolg zu erzielen«.

Auch im übrigen Europa wurde der Name Neptun eindeutig fa-
vorisiert. Heinrich Schumacher, der als Herausgeber der *Astronomischen Nachrichten* großen Einfluss besaß, beklagte in einem
Brief an Airy, dass Arago in anmaßender Weise versuche, der astronomischen Gemeinde den Namen Le Verrier aufzudrängen. Im
Großen und Ganzen sei bei den deutschen Astronomen (auch bei
Gauß und Encke) der Namen Neptun in Gebrauch. Airy machte
einen letzten Versuch, Le Verrier zur Wahl eines anderen mythologischen Namens zu bewegen, aber dieser weigerte sich, und am
28. Februar 1847 sprach sich Airy schließlich, wenn auch widerwil-
lig, ebenfalls für Neptun aus. Challis und Adams schlossen sich der
Entscheidung rasch an.

Nachdem die Namensfrage (wenigstens außerhalb Frankreichs)
geklärt war, bemühte sich Herschel weiterhin um eine offizielle
Anerkennung für Adams' Leistung. Neben der Copley-Medaille
hatte Le Verrier noch weitere Ehrungen für seine Entdeckung erhalten: Er war zum Offizier der Ehrenlegion ernannt worden, an
der Universität von Paris war eigens für ihn ein Lehrstuhl für
Astronomie eingerichtet worden, der Großherzog der Toskana
ehrte ihn mit einer Neuauflage der Werke von Galilei, der König
von Dänemark verlieh ihm den Danneborg-Orden; und außerdem
wurden ihm die Ehrenmitgliedschaften der Kaiserlichen Akademie
der Wissenschaften in St. Petersburg und der Königlichen Gesellschaft in Göttingen angetragen. Adams hingegen war nach wie vor

nur ein einfacher Bachelor of Arts. Doch im Juni 1847 wurde dem nunmehr 28-Jährigen dank der Bemühungen von Herschel und Sedgwick eine Anerkennung in Aussicht gestellt, die, wie seine Förderer meinten, der Bedeutung seiner Leistung angemessen war: die Verleihung der Ritterwürde durch Königin Victoria.

Man bot Adams also denselben ehrenvollen Titel an, den auch Isaac Newton, sein großes Vorbild, erhalten hatte. Doch in einem Brief an Sedgwick (der ihm das Angebot übermittelte) erklärte Adams: »Es ist fraglich, ob ich es mir leisten kann, eine solche Ehre anzunehmen.« Da er kein Vermögen besitze, werde er auch weiterhin Privatunterricht geben müssen, um sein Einkommen aufzubessern. Und das wäre mit einem solchen Titel nicht zu vereinbaren. Auch wenn er heiraten wolle, könnten Schwierigkeiten auftreten, denn »meine Wahl wäre durch die Notwendigkeit, den Schein zu wahren, stark eingeengt«. Zuletzt bemerkte Adams noch: »Mein Vater ist ein einfacher Bauer, und es könnte ziemlich unpassend erscheinen, dass sein Sohn ein Sir John sein sollte.« Mit der ihm eigenen Bescheidenheit lehnte Adams die Ritterwürde ab.

Im Sommer 1847 war die Umlaufbahn des Neptun ermittelt, und das Ausmaß des Einflusses des Planeten auf den Uranus ließ sich endlich genau feststellen. Wie zuvor beim Uranus wurde auch beim Neptun die Umlaufbahn unter Zuhilfenahme historischer Daten berechnet. Die Astronomen suchten auch in diesem Fall nach Aufzeichnungen ihrer Kollegen, die den Neptun zwar gesichtet, aber für einen Stern gehalten hatten. Im Februar 1847 stieß der amerikanische Astronom Sears Cook Walter vom National Observatory in Washington, D.C. auf eine solche Beobachtung. (Die Entdeckung des Neptun war in den Vereinigten Staaten mit großer Begeisterung aufgenommen worden. Im *Scientific American* hieß es, sie sei »vielleicht der größte Triumph in der Geschichte der Wissenschaft«. Auch die sich anschließende Kontroverse war von der amerikanischen Presse aufmerksam verfolgt worden.)

Walker fand heraus, dass ein halbes Jahrhundert zuvor, am
10. Mai 1795, der französische Astronom Lalande den Neptun beobachtet und für einen Stern gehalten hatte. Eine Prüfung von Lalandes Originalaufzeichnungen ergab, dass er den Planeten auch
am 8. Mai gesehen und eine Änderung seiner Position bemerkt
hatte. Aber statt daraus auf einen Planeten zu schließen, nahm Lalande einfach an, seine erste Beobachtung sei ungenau gewesen,
und so verpasste auch er die Gelegenheit zu einer großartigen Entdeckung. Walker nannte dies »ein weiteres Wunder in der Liste der
merkwürdigen Ereignisse in der Geschichte des Neptun«. Als die
Nachricht von Lalandes früher Beobachtung Airy erreichte, bemerkte er: »Wer sollte da noch Challis einen Vorwurf machen.«

In Deutschland entdeckte Adolf Cornelius Peterson von der
Sternwarte Altona unabhängig davon ebenfalls Lalandes Beobachtung. Schon bald hatten mehrere Astronomen, darunter Adams
und Le Verrier, die Daten von 1795 zur Berechnung einer recht genauen Neptunbahn genutzt. Und durch Vergleich der relativen Positionen von Uranus und Neptun im Lauf der Jahre zeigte sich
auch, warum der Uranus mit seinem Verhalten zwei Generationen
von Astronomen genarrt hatte.

Es stellte sich heraus, dass über lange Jahre des 18. Jahrhunderts
der Neptun sich weitab vom Uranus bewegt hatte und die Anziehungskräfte zwischen den beiden Planeten daher praktisch zu vernachlässigen gewesen waren. Erst zu Beginn des 19. Jahrhunderts
war es wieder zur Annäherung gekommen; 1822, als der Uranus
den langsameren Neptun auf dem Weg um die Sonne überholte,
waren sie sich am nächsten. Der Gravitationseinfluss des Neptun
beschleunigte den Uranus zwischen 1800 und 1822 und bremste
ihn zwischen 1822 und 1840 ab.

So erklärte sich, warum Alexis Bouvard in seinen Planetentafeln
von 1821 daran gescheitert war, die alten Beobachtungen (vor 1781)
mit den modernen (1781-1820) zu vereinbaren. Zum Zeitpunkt der
alten Beobachtungen wurde die Bewegung des Uranus kaum durch
den Neptun beeinträchtigt; aber kurz nach seiner Entdeckung be-

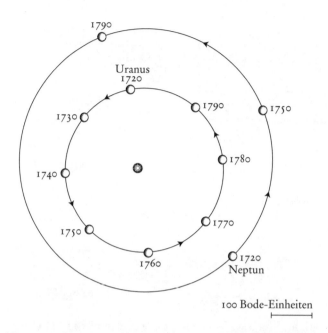

Die Positionen von Uranus und Neptun zwischen 1720 und 1790. Die Planeten waren während dieser Jahrzehnte weit voneinander entfernt, sodass die gegenseitige Bahnstörung durch ihre Gravitationskräfte zu vernachlässigen war.

gann der Neptun wieder mit sanfter Gewalt an ihm zu zerren. Bekanntlich hatte sich Bouvard nun entschlossen, die alten Beobachtungen außer Acht zu lassen und für seine Tafeln nur die modernen zu berücksichtigen, die just zu jener Zeit erfolgten, als sich der Uranus gerade wieder beschleunigte. Kurz nachdem Bouvard seine neuen Tafeln veröffentlicht hatte, überholte der Uranus den Neptun und wurde wieder langsamer. Also überrascht es kaum, dass die Planetentafeln wenig zuverlässig waren.

Auch wenn das Rätsel der Uranusbahn schließlich gelöst schien, so warf doch die Bestimmung der Neptunbahn ein neues Problem auf. Bald zeigte sich, dass der Neptun keineswegs der von Adams

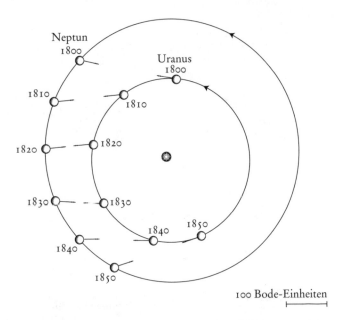

Die Positionen von Uranus und Neptun zwischen 1800 und 1850. Die Anziehungskraft des Neptun verursachte zwischen 1800 und 1822 eine Beschleunigung des Uranus und bremste ihn zwischen 1822 und 1840 ab.

und Le Verrier berechneten Bahn folgte. Insbesondere stellte man fest, dass sein durchschnittlicher Abstand von der Sonne etwa bei 303 Bode-Einheiten lag, also deutlicher weniger betrug als die nach dem Bodeschen Gesetz zu erwartenden 388 Einheiten, der Wert, den auch Adams und Le Verrier ihren anfänglichen Berechnungen zugrunde gelegt hatten. Allerdings waren beide in der Folge zu dem Schluss gekommen, dass ein geringerer Wert anzunehmen sei. Le Verriers dritte Untersuchung setzte den mittleren Abstand mit 362 Einheiten an, Adams' dritter Versuch ging von 373 Einheiten aus. Also hatte die Entdeckung des Neptun zwar eine klare Bestätigung für Newtons Gravitationsgesetz geliefert, andererseits aber dem Bodeschen Gesetz den Todesstoß versetzt.

Planet	Bahnradius	Vorhergesagter Radius
Merkur	4	$4 + 0 = 4$
Venus	7	$4 + (1 \times 3) = 7$
Erde	10	$4 + (2 \times 3) = 10$
Mars	15	$4 + (4 \times 3) = 16$
Ceres, Pallas, etc.	28	$4 + (8 \times 3) = 28$
Jupiter	52	$4 + (16 \times 3) = 52$
Saturn	95	$4 + (32 \times 3) = 100$
Uranus	192	$4 + (64 \times 3) = 196$
Neptun	303	$4 + (128 \times 3) = 388$

Die Unterschiede zwischen den errechneten Bahnen des postulierten Planeten und der realen Neptunbahn veranlassten den amerikanischen Astronomen Benjamin Pierce zu einer kühnen Behauptung. Pierce, Professor für Astronomie und Mathematik in Harvard, war als streitlustiger Wissenschaftler bekannt. Ein Zeitgenosse schildert ihn als »jähzornig und übereilt«, und zumindest bei dieser Gelegenheit ließ er sich zu einer unüberlegten Bemerkung hinreißen. Am 16. März 1847 erklärte er bei einer Sitzung der amerikanischen Akademie der Künste und Wissenschaften in Boston, dass »der Planet Neptun nicht der Planet ist, auf den die geometrische Analysis das Teleskop gerichtet hatte ... seine Entdeckung durch Galle muss als glücklicher Zufall gelten«.

Pierce betonte, er empfinde höchste Bewunderung für Le Verriers Erkenntnisse. »Ich habe seine Schriften mit unendlichem Entzücken studiert und bin bereit, ihm, wie alle Welt es tut, als erstem Geometer der Epoche und als Begründer eines völlig neuen Zweigs, der ›Unsichtbaren Astronomie‹, meine Anerkennung zu zollen«, erklärte er. Aber von einem sei er überzeugt: Neptun »ist nicht der Planet von Le Verriers oder Adams' Berechnungen«.

Wie Pierce dazu kam, so etwas zu behaupten, wird deutlich, wenn man die tatsächliche Neptunbahn und die von Le Verrier und Adams vorhergesagten Umlaufbahnen in einem Diagramm darstellt. Der tatsächliche Orbit unterscheidet sich tatsächlich stark

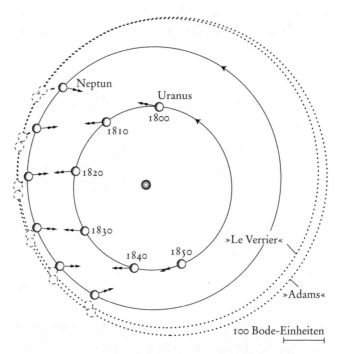

Die Umlaufbahnen von Uranus, Neptun und den von Adams und Le Verrier vorhergesagten Planeten. Obwohl die angenommenen Planeten nicht dieselben Bahneigenschaften gehabt hätten wie der Neptun, wäre ihr Gravitationseinfluss auf den Uranus während des kritischen Zeitraums 1800 bis 1850 dem des Neptun sehr nahe gekommen.

von den berechneten Bahnen. Die Neptunbahn ist annähernd kreisförmig, während die von Le Verrier und Adams angenommenen Bahnen eine erkennbare Ellipsengestalt haben.

Wie war es aber mit solchen unzutreffenden Umlaufbahnen gelungen, die Position des Neptun vorherzusagen? Nach Monaten der Debatte und Analyse gelangten Mathematiker auf beiden Seiten des Atlantiks zu einer Lösung. Als hilfreich erwies sich die Entdeckung eines Neptunmondes, den der englische Amateurastronom William Lassell am 10. Oktober 1846 gesichtet hatte, dessen Existenz aber erst im folgenden Juli bestätigt wurde. Anhand von

Beobachtungen dieses Mondes konnten die Astronomen die Masse des Neptun berechnen, die ungefähr der Masse des Uranus entsprach. Mit anderen Worten, der Neptun besaß nur ungefähr die Hälfte der Masse, die Adams und Le Verrier angenommen hatten. Aber er lag auch näher an der Sonne (und damit am Uranus) als erwartet. Während des entscheidenden Zeitraums von 1800 bis 1850, in dem der Uranus sich im Einflussbereich des neuen Planeten befand, deckte sich jedoch der Gravitationseinfluss der beiden rechnerisch angenommenen Planeten praktisch mit dem tatsächlichen Einfluss des Neptun. Die größere Masse, die den angenommenen Planeten zugeschrieben worden war, hatte ihre größere Entfernung zur Sonne ausgeglichen.

Einige amerikanische Astronomen beharrten zwar weiterhin darauf, die Vorhersagen der Neptunposition seien nichts weiter als Zufallstreffer gewesen, aber die meisten anderen gaben sich mit dieser Erklärung zufrieden. Schließlich bestand, wie John Herschel in seinem 1850 erschienenen Buch *Outlines of Astronomy* erklärte, die Aufgabe, die sich Adams und Le Verrier gestellt hatten, nicht darin, »die Achse, Exzentrizität und Masse des störenden Planeten als astronomische Quantitäten zu ermitteln, sondern herauszufinden, wo man nach ihm suchen soll«. Und das war ihnen gelungen.

Nach zwei Jahren der Debatte, des Streits und der Verleumdung begegneten sich Adams und Le Verrier erstmals im Juni 1847 bei einer Sitzung der British Association in Oxford. Keiner von beiden hatte während der Auseinandersetzungen um den neuen Planeten je irgendwelche Beleidigungen gegen den anderen geäußert. Dennoch beobachteten die teilnehmenden Astronomen nervös, wie sie aufeinander reagieren würden. Aber ihre Sorge war unbegründet. Zur Freude aller Anwesenden schüttelten sich Adams und Le Verrier herzlich und aufrichtig die Hände, und es dauerte nicht lange, da plauderten sie unbeschwert wie alte Freunde. Ein paar Tage später gab Herschel eine Abendgesellschaft in seinem Landhaus, zu der beide Wissenschaftler eingeladen waren. Offenbar wogen die gemeinsamen Interessen schwerer als ihr unterschiedliches Temperament, denn sie knüpften Freundschaftsbande, die ein Leben lang halten sollten.

Im folgenden Jahr fand Herschel, mittlerweile Präsident der Royal Astronomical Society, endlich eine Lösung für das Problem der zu verleihenden Goldmedaille. Da die Satzung der Gesellschaft die Verleihung von mehreren Medaillen untersagte, erhielten Adams und Le Verrier stattdessen besondere »Ehrengaben«. Herschel hielt eine blumige Rede, in der er noch einmal betonte, dass den beiden Forschern der gleiche Rang gebühre. Le Verrier und Adams seien »Namen, die, durch Genius und Schicksal verknüpft, durch mich keinesfalls entzweit werden sollen; noch wird man sie jemals gesondert aussprechen, solange die Sprache die Triumphe der Wissenschaft in ihren erhabensten Gefilden feiert ... Da sie sich nunmehr als Brüder begegnet sind, und sich, wie ich glaube, auch stets so betrachten werden, haben wir bei diesem Anlass keinen Unterschied zwischen ihnen gemacht, noch machen können. Mögen sie beide noch lange unserer Wissenschaft Glanz und Ehre bringen und ihren eigenen Ruhm, der bereits so hell erstrahlt, durch neue Errungenschaften mehren.«

Kapitel 10

Im Bann des Neptun

Georgium Sidus, treuer Gefährte,
Der manche schlaue List ersann,
Sein Zappeln führte doch auf meine Fährte
Und wies genau auf meine Bahn.

J. R. Planche
aus *The New Planet ... An Extravaganza in One Act* (1847)

Der Einfluss des Planeten Neptun beschränkte sich nicht auf die
Bahn des Uranus; er sollte auch die weitere Karriere derer bestimmen, die an seiner Entdeckung beteiligt waren. Den größten Nutzen von allen konnte Le Verrier aus ihr ziehen. Schon bald nach seiner Entdeckung erhielt er von der französischen Regierung den
Auftrag, einen Plan für die zukünftige astronomische Forschung in
Frankreich auszuarbeiten. Im Februar 1847 legte er den Entwurf
zu einem aufwändigen Projekt vor, das viele Jahre Forschungsar-
beit erfordern würde: Er wollte ganz neue Planetentafeln erstellen
und das gesamte Planetensystem in einem einzigen Werk darstellen. Mit dem für ihn typischen Selbstvertrauen ging Le Verrier davon aus, dass ihm bald Aragos Platz als Direktor der Pariser Sternwarte und damit die angesehenste astronomische Stellung in
Frankreich zufallen würde.

Es sollten jedoch einige Jahre vergehen, ehe Le Verrier mit der
Ausführung seiner Pläne beginnen konnte. Erst nach Aragos Tod
im Jahr 1854 übernahm er das Direktorenamt – eine Ernennung,
die angesichts von Le Verriers Fähigkeiten, seinem Ruf und seinem
wachsenden politischen Einfluss fast selbstverständlich schien.
1847 war er in die Nationalversammlung gewählt worden, und
1852 wurde er Senator. Außerdem gehörte er selbst dem Komitee

an, das Aragos Nachfolger bestimmen sollte. Am 31. Januar 1854 wurde er schließlich in sein neues Amt eingeführt.

Obwohl Le Verrier vor allem ein begnadeter Theoretiker war und eher wenig Erfahrung in praktischer astronomischer Arbeit besaß, gelang es ihm rasch, sich mit der Materie vertraut zu machen. Er stattete das Observatorium mit neuen Instrumenten aus und führte auch verbesserte Arbeitsmethoden ein. Doch mit seinem autoritären Charakter und seinem hochmütigen, egoistischen Naturell brachte er seine Mitarbeiter gegen sich auf. Zu den neuen Richtlinien gehörte beispielsweise, dass die Namen der an Entdeckungen beteiligten Hilfsastronomen nicht mehr veröffentlicht wurden, denn, so begründete Le Verrier, »alles Verdienst gebührt dem Direktor, dessen Anweisungen sie befolgen ... abgesehen davon erhalten diese jungen Astronomen ja für jede Entdeckung eine Prämie und eine Medaille«. Den Angestellten des Observatoriums wurde schnell klar, dass mit dem neuen Direktor nicht zu scherzen war. Ein britischer Schriftsteller, der kurz nach Le Verriers Ernennung die Pariser Sternwarte besuchte, berichtete, er sei »unfreiwillig Zeuge einer peinlichen Szene geworden, als ein älterer Hilfsastronom, der unter Arago lange Jahre am Observatorium gedient hatte, wegen einer geringfügigen Pflichtverletzung auf der Stelle entlassen wurde.«

Le Verrier führte die Pariser Sternwarte in mancher Hinsicht ähnlich wie Airy die von Greenwich. Die ihm unterstellten Astronomen sah er als reine Handlanger; Teleskope und Quadranten waren für ihn bloß Geräte, um die Daten für die theoretischen Berechnungen heranzuschaffen. Und wie Airy nahm auch Le Verrier nur selten persönlich an Beobachtungen teil. Ein Zeitgenosse, Camille Flammarion, ging sogar so weit zu behaupten, Le Verrier liege gar nichts daran, den Neptun mit eigenen Augen durch ein Fernrohr zu betrachten. »Ich glaube fast, er hat ihn nie gesehen«, schrieb Flammarion im Jahr 1894. »Für ihn bestand die Astronomie nur aus Formeln – ich habe ihn gefragt, ob er glaube, dass die anderen Planeten vielleicht bewohnt seien wie der unsrige, welches

Gefolge die unzähligen Sonnen haben, die über die Unendlichkeit zerstreut sind, und welch erstaunlich farbiges Licht die Doppelsterne auf die unbekannten Planeten werfen würden, die in diesen weit entfernten Systemen kreisen. Doch seine Antworten zeigten mir, dass ihn all diese Fragen nicht berührten, und dass für ihn die Erkenntnis des Universums hauptsächlich in Gleichungen, Formeln und Logarithmentafeln bestand.«

Nachdem sich Le Verrier als Leiter der Pariser Sternwarte Respekt verschafft hatte, nahm er die geplante Ausarbeitung völlig neuer Planetentafeln in Angriff. Er begann mit den inneren Planeten Merkur, Venus, Erde und Mars, deren Bahnen er schon in den vierziger Jahren studiert hatte, bevor er sich dem Uranus zuwandte. Besonders der Merkur, dessen Umlaufbahn den Gravitationsgesetzen zu widersprechen schien, fesselte seine Aufmerksamkeit.

Anders als die Bahn des Uranus, dessen Bewegung bis zur Entdeckung des Neptun unberechenbar gewesen war, wiesen die Anomalien beim Merkur Regelmäßigkeit auf. Aus teils Jahrhunderte zurückliegenden Beobachtungen ergab sich, dass sich seine Ellipsenbahn um die Sonne pro Jahrhundert um 565 Bogensekunden verschob, und zwar als Folge des Gravitationseinflusses anderer Planeten, vor allem der Venus. Doch als Le Verrier berechnete, welche Verschiebung theoretisch zu erwarten war, fand er heraus, dass diese eigentlich nur 527 Bogensekunden pro Jahrhundert betragen dürfte. Nur mit einem willkürlich angenommenen Korrekturfaktor von 38 Bogensekunden pro Jahrhundert ließ sich also die Bewegung des Planeten exakt vorhersagen.

Eine Anomalie dieser Größenordnung konnte man nicht unter Hinweis auf Messungenauigkeiten unter den Teppich kehren, denn die Position des Merkur lässt sich sehr exakt ermitteln, und zwar bei einem so genannten »Durchgang«, das heißt, wenn der Planet zwischen Erde und Sonne durchzieht und dabei als schwarzer Fleck vor der Sonnenscheibe erscheint. Nachdem Le Verrier die

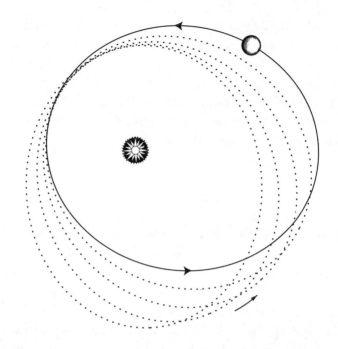

Das leichte »Eiern« der Umlaufbahn des Merkur, stark übertrieben dargestellt.

Bewegung des Merkur anhand der Daten von 411 Beobachtungen genauestens analysiert hatte, war er sich sicher, dass hier etwas nicht stimmte. Angesichts seiner erfolgreichen Vorhersage der Existenz und der Position des Neptun war es nicht verwunderlich, dass er als Erklärung für diese Unregelmäßigkeiten die Möglichkeit eines weiteren Planeten zwischen dem Merkur und der Sonne in Betracht zog.

Der Einfall war nicht neu; eine ganze Reihe von Astronomen hatten bereits auf die Möglichkeit eines solchen Planeten hingewiesen. Allerdings gab es da ein Problem. Zwar wäre ein Planet, der die Sonne in so geringem Abstand umkreiste, aufgrund ihrer Helligkeit normalerweise nur schwer zu beobachten, bei einer totalen Sonnenfinsternis jedoch hätte man ihn kaum übersehen können.

Noch nie war aber bei solchen Gelegenheiten ein derartiger Planet beobachtet worden. Daher fasste Le Verrier die Möglichkeit ins Auge, dass es sich um mehrere kleine Körper handeln könnte, also um einen zweiten Asteroidengürtel zwischen Merkur und Sonne. Auch wenn jeder Einzelne vielleicht so klein war, dass ihn noch nie jemand bemerkt hatte, so hätten sie doch zusammengenommen die langsame Drift der Merkurbahn erklären können. Einige dieser Körper, meinte er in einem Aufsatz zu diesem Thema, wären vielleicht groß genug, um beim Vorbeizug an der Sonne beobachtet werden zu können, wo sie als kleine, schwarze, über die Sonnenscheibe wandernde Punkte erscheinen müssten. »Die Astronomen sollten daher tagsüber öfter ihren Blick zur Sonne richten. Es ist sehr wichtig, dass jeder regelmäßig erscheinende Fleck auf der Sonnenscheibe, sei er noch so klein, einige Monate lang verfolgt wird, um seine Natur zu bestimmen«, schrieb er.

Kurz nachdem Le Verrier seine Berechnungen zum Merkurproblem veröffentlicht hatte, erhielt er einen Brief von dem französischen Landarzt und Amateurastronomen Edmond Lescarbault, der behauptete, am 26. März 1859 einen schwarzen Fleck gesehen zu haben, der über die Sonne gezogen sei. Voller Begeisterung darüber, vielleicht einen weiteren Planeten entdeckt zu haben, schilderte Lescarbault ausführlich seine Beobachtungen: »Der Planet erscheint als schwarzer Fleck von deutlich erkennbarem kreisförmigem Durchmesser ... dieser Körper ist der Planet, oder einer der Planeten, deren Existenz Sie, Monsieur le Directeur, vor kurzem aufgrund ihrer bewundernswert überzeugenden Berechnung nahe der Sonne vermutet haben; nicht anders, als Sie im Jahr 1846 die Existenz des Neptuns vorausgesagt, seine Position bestimmt und seine Bahn durch die Weiten des Weltalls aufgespürt haben.«

Doch die glückliche Geschichte der Entdeckung des Neptun sollte sich nicht wiederholen. Le Verrier beeilte sich, den Arzt in seinem Dorf zu besuchen und ihn zu befragen, um sicherzustellen, dass er seinen Angaben vertrauen konnte. Dann berechnete er die Umlaufbahn des Himmelskörpers, dem ein eifriger Landsmann rasch den Namen »Vulkan« gab, und sorgte dafür, dass Lescarbault in die Ehrenlegion aufgenommen wurde. Doch trotz aller Bemühungen Le Verriers, die Position zu bestimmen, konnte der geheimnisvolle Planet nicht mehr gesichtet werden. Schlimmer noch, Emmanuel Liais, Astronom am Hof des Kaisers von Brasilien, der zur selben Zeit wie Lescarbaut die Sonne beobachtet hatte, und zwar mit einem weitaus leistungsfähigeren Teleskop, hatte nichts gesehen. Trotzdem glaubte Le Verrier bis an sein Lebensende an die Existenz des Vulkan und versuchte noch mehrmals erfolglos, seine Position zu bestimmen. (Die Anomalien im Verhalten des Merkur konnten erst 1915 erklärt werden, als Albert Einstein mit seiner allgemeinen Relativitätstheorie zeigte, dass Newtons Gravitationsgesetz für Planeten, die so nahe die Sonne umlaufen wie der Merkur, geringfügig modifiziert werden muss.)

Mittlerweile war die Arbeit an Le Verriers neuen Planetentafeln in vollem Gang. Im Januar 1870 jedoch hatten die Mitarbeiter der Pariser Sternwarte genug von Le Verriers despotischem Verhalten und drohten offen mit Streik. Dies war nur der Höhepunkt in einer langen Serie von Unstimmigkeiten zwischen Le Verrier und seiner Mannschaft. Die Regierung setzte eine Untersuchungskommission ein, und Le Verrier wurde entlassen. Sein Nachfolger wurde Charles Delaunay, der die Sternwarte zwei Jahre lang leitete, bis er im Jahr 1872 bei einem Bootsunfall ertrank. Le Verrier erhielt sein Amt zurück, wurde allerdings unter Aufsicht eines eigens eingerichteten Gremiums gestellt, das sein Verhalten beobachten sollte.

Im Jahr 1876 wurde Le Verrier aus Anerkennung für seine mittlerweile beinahe fertig gestellten neuen Tafeln von der Royal Astronomical Society mit einer Medaille bedacht. Adams hielt eine glänzende Rede, in der er Le Verriers Leistungen als Mathematiker hervorhob. Er sprach von dem »Interesse, mit dem wir seine unermüdliche Suche verfolgt haben, und der Bewunderung, die wir für sein Können und die Beharrlichkeit hegen, dank derer es ihm gelungen ist, alle Hauptplaneten unseres Sonnensystems, vom Merkur bis zum Neptun, in die Fesseln der Mathematik zu legen«. Im

Vorblick auf die Veröffentlichung der letzten Bände der großen
Publikation gab Adams der Hoffnung Ausdruck, Le Verrier könne
»sich eine Weile ausruhen und seine Gesundheit wieder herstellen,
die, wie wir fürchten, unter seiner rastlosen Tätigkeit gelitten hat –
um dann mit frischen Kräften zu neuen Triumphen in der physika-
lischen Astronomie aufzubrechen«.

Seine angegriffene Gesundheit erlaubte es Le Verrier nicht, bei
dieser Rede anwesend zu sein, und so konnte er die Medaille auch
nicht persönlich entgegennehmen. Als eine seiner letzten Handlun-
gen sah er die Fahnen der Schlussseiten seines Hauptwerks durch,
das, sehr angemessen, mit den Tafeln zum Planeten Neptun schloss.
Nachdem er sein Lebenswerk vollendet hatte, starb Le Verrier am
23. September 1877 in Paris, auf den Tag genau 31 Jahre nach der
Entdeckung, die ihn berühmt gemacht hatte. Als Großoffizier der
Ehrenlegion wurde er mit militärischen Ehren beigesetzt. Unter
den Sargträgern befanden sich mehrere bekannte Astronomen. Am
27. Juni 1889 wurde vor der Pariser Sternwarte eine Statue von Le
Verrier enthüllt. Alexandre-Gustave Eiffel nahm Le Verrier unter
die 72 großen französischen Wissenschaftler auf, deren Namen auf
dem ersten Stockwerk seines berühmten Turms auf Tafeln verewigt
wurden.

Auch Adams profitierte von der Entdeckung des Neptun. Im Jahr
1848 erhielt er, wenn auch spät, in Anerkennung seiner Verdienste
die Copley-Medaille der Royal Society, eine Auszeichnung, die Le
Verrier bereits 1846 zuteil geworden war. Doch im Unterschied zu
Le Verrier, der politisch sehr aktiv war und die letzten Jahre seines
Lebens damit verbrachte, sich das Sonnensystem durch Mathematik zu erobern, führte Adams das beschauliche Leben eines Gelehrten. 1858 wurde er Professor für Astronomie und Geometrie in
Cambridge, und 1861 löste er Challis als Direktor der Sternwarte
von Cambridge ab.

Adams, ein begabter Theoretiker, war bekannt dafür, dass er

Prüfungsaufgaben von besonderer mathematischer Eleganz stellte. Doch man kritisierte ihn auch, weil es ihm nicht gelang, seine Studenten vom Mogeln abzuhalten. »Ein Mann, der Planeten entdeckt, sollte doch in der Lage sein, sicherzustellen, dass eine Prüfung fair abläuft und die schändliche Abschreiberei verhindern können«, klagte ein Zeitgenosse. Adams hatte sich in seiner astronomischen Forschungstätigkeit mittlerweile der Bewegung des Mondes zugewandt, dessen Abstand zur Erde geringfügig zunahm, ein Problem, das er gründlicher untersuchte als jemals jemand zuvor. Hierfür erhielt er 1866 eine zweite Copley-Medaille der Royal Society. Er leistete auch wertvolle Beiträge zur Untersuchung des Magnetfelds der Erde und über den Zusammenhang zwischen Meteoritenschauern und Kometen.

Ungefähr zu der Zeit, als Le Verrier nach dem Vulkan suchte, entdeckte Adams eine neue Welt ganz anderer Art: Er heiratete. In einem Brief an seinen Freund, den Geologen Adam Sedgwick (der Adams zugeraten hatte, er solle mit seinen 40 Jahren allmählich einen Hausstand gründen), schrieb er: »Ich habe, deinen Rat befolgend, tapfer die entscheidende Frage gestellt und eine positive Antwort erhalten ... ich fühle mich schon ganz in einer neuen Welt und schaue voller Bedauern auf die Eiszeit meines früheren Daseins zurück, die mir bereits Jahrmillionen zurückzuliegen scheint.«

Adams wurde zwei Mal zum Präsidenten der Royal Astronomical Society gewählt, und in dieser Eigenschaft verlieh er d'Arrest und Le Verrier Auszeichnungen für ihre Beiträge zum Fortschritt der Astronomie. Als 1872 der schriftliche Nachlass von Isaac Newton in den Besitz der Universität von Cambridge überging, wurde Adams damit betraut, ihn zu ordnen und herauszugeben. Als Präsident einer Vereinigung, die sich in Cambridge für den Zugang von Frauen zu höherer Bildung einsetzte, war er der erste Professor, der die Teilnahme von Frauen an seinen Vorlesungen erlaubte. Auch an der Gründung des Newnham College für Studentinnen im Jahr 1880 war er maßgeblich beteiligt. Sein Status als der führende englische Astronom seiner Zeit wurde bekräftigt, als 1881 Airy in den Ruhestand trat und man Adams das Amt des Königlichen Astronomen antrug, die angesehenste Stellung, die England auf diesem Gebiet zu vergeben hatte. Bescheiden lehnte er die Berufung jedoch unter Hinweis auf sein Alter ab (er war damals 62 Jahre alt).

Im Oktober 1884 vertrat Adams Großbritannien auf einer internationalen Konferenz in Washington, bei der es um eine Vereinheitlichung der geografischen Länge ging. Damals wurden für Karten ganz unterschiedliche Meridiane benutzt: Britische Karten legten den Nullmeridian durch Greenwich, französische durch Paris, andere durch Cádiz, Neapel, Lissabon, Stockholm und noch viele weitere Orte. Die Einigung auf einen international einheitlichen Meridian als Längengrad Null sollte den Landvermessern und Seeleuten das Leben erleichtern und ihnen das dauernde Umrechnen zwischen verschiedenen Koordinatensystemen ersparen. Schließlich wählte man, gegen den Protest des französischen Delegierten, den Meridian von Greenwich, den Airy 1851 definiert hatte (einer von mehreren Meridianen, den die Königlichen Astronomen im Lauf der Zeit in Greenwich bestimmt hatten), und zwar aus dem praktischen Grund, dass er bereits die größte Verbreitung gefunden hatte. Damit sicherte Adams für Airy die Unsterblichkeit als Bestimmer des Nullmeridians.

Adams wohnte bis an sein Lebensende auf dem Gelände der Sternwarte von Cambridge, wo Challis vergebens nach dem Neptun gesucht hatte. Neben seiner astronomischen Arbeit interessierte er sich auch sehr für Botanik, Geologie und Geschichte. Zu seiner Entspannung schätzte er es, mathematische Konstanten bis auf 200 Stellen hinter dem Komma zu berechnen. Der Reiz in dieser scheinbar sinnlosen Übung lag für ihn in der Herausforderung, fehlerlos mit langen Zahlenreihen zu operieren – das mathematische Äquivalent zum Jonglieren mit rotierenden Tellern oder Bällen. Neben solch einsamem Zeitvertreib spielte er auch gern Krocket, Boccia und Whist. Nach einer langen und glänzenden

akademischen Laufbahn starb Adams am 21. Januar 1892 im Alter
von 72 Jahren.

Airy verbrachte die Zeit nach seiner Pensionierung im Jahr 1881
mit Berechnungen über die Bewegung des Mondes. 1886 veröffentlichte er einige seiner Ergebnisse. Vergleiche mit Beobachtungsdaten, die Delaunay lieferte, zeigten jedoch, dass Airys Berechnungen
fehlerhaft waren. »Ich muss befürchten, dass der Fehler, der den
Grund für diese Abweichungen darstellt, auf mich zurückgcht«,
notierte Airy. Er verbrachte den Rest seines Lebens damit, diesen
Fehler zu suchen, was ihm bis zu seinem Tod am 2. Januar 1892 im
Alter von 90 Jahren nicht gelang. Später fand man unter seinen fehlerhaften Berechnungen eine erschütternde Notiz: »Als ich entdeckte, dass ich ganz zu Anfang meiner Berechnungen einen entscheidenden Fehler gemacht hatte ... verließ mich der Mut zu
weiterer Arbeit, und ich konnte ihn niemals wieder gewinnen.«

Nachdem Adams und Airy im Abstand von wenigen Tagen ge-
storben waren, überlegte die Gemeinde der britischen Astronomen, wie sie die beiden herausragenden Kollegen am besten ehren
könne. Bei einem Treffen am St. John's College in Cambridge beschloss man, für Adams in der Westminster Abbey eine Gedenk-
platte anzubringen. Im Jahr 1895, 50 Jahre nachdem Adams die
vermutete Position des Neptun an Airy übermittelt hatte, wurde
sie feierlich ganz in der Nähe der Gräber von Wilhelm Herschel,
Charles Darwin und Isaac Newton enthüllt. Sie trägt eine lateini-
sche Inschrift mit den Worten: »Johannes Couch Adams, Planetam
Neptunum Calculo Monstravit MDCCCXLV« (John Couch
Adams, fand durch Berechnungen im Jahr 1845 den Planeten Neptun).

Die Anwesenden, darunter viele führende britische Wissenschaftler, priesen Adams für seine mathematischen Leistungen,
seine Bescheidenheit und das Taktgefühl, das er bewiesen hatte, indem er sich nicht an der Kontroverse um die Entdeckung des Nep-

tun beteiligt hatte. Lord Kelvin (nach dem später die von den Wissenschaftlern verwendete Temperatureinheit benannt werden sollte) beschrieb Adams in seiner Rede als würdigen Nachfolger Newtons. Besonders hob er die Bedeutung seiner Arbeiten über den Mond hervor, die seiner Meinung nach eine noch größere Leistung darstellten als seine Berechnungen zum Neptun. Außer der Gedenktafel gab man auch eine Büste in Auftrag. Neben einer zweiten Büste ziert sie heute den Hauptaufgang des Sitzes der Royal Astronomical Society am Piccadilly Circus: derjenigen von Adams' großem Vorbild – Newton.

Für George Airy gab es allerdings in der Westminster Abbey keine Gedenktafel. Selbst fünf Jahrzehnte nach der Neptun-Affäre hatte man dem verstorbenen Königlichen Astronomen noch nicht verziehen. Ein Astronom meinte in einem Brief an Airys Nachfolger William Christie, die Tatsache, »dass Cambridge über die Sache ungehalten war, ist nachvollziehbar, ganz England war es mehr oder weniger, und als Schuldiger bot sich Airy an, während man Challis verschonte; mittlerweile müsste man jedoch zu besserer Einsicht gekommen sein. Unglücklicherweise ist dem nicht so. Ich glaube nicht, dass sich viele für Airy stark machen werden. Es ist seine Arbeit, nicht die Person, die man bewundert: Ich glaube, dass er der Welt immer kalt und abstoßend erschienen ist.« Der Vorschlag, Airy ebenfalls mit einer Gedenktafel zu ehren, fand wenig Unterstützung und wurde bald fallen gelassen.

Die Neptun-Affäre schwelte in der Tat viele Jahre nach. Kurz vor seinem Tod im Jahr 1854 veröffentlichte Arago seine Sicht der Dinge in einem Buch mit dem Titel *Populäre Astronomie*. Er bekräftigte seine Ansicht, Adams habe »kein Recht auf einen Anteil am Ruhm der Entdeckung des Neptun«, da er seine Berechnungen nicht veröffentlicht habe. Die englische Ausgabe des Buches erschien jedoch mit einer wütenden Fußnote des Übersetzers. »Diese Bemerkungen enthalten unrichtige Behauptungen, die korrigiert

werden sollten«, schrieb dieser, und es folgte eine ausführliche Darlegung, die Adams in Schutz nahm.

1896, zum 50. Jahrestag der Entdeckung des Neptun, rekapitu-
lierte der englische Astronom Sir Robert Ball die Geschichte noch
einmal für die Zeitschrift *Strand*. Er nahm dies zum Anlass, »gewisse französische Autoren« dafür zu kritisieren, dass sie Adams
die ihm gebührende Anerkennung verweigerten, und wies darauf
hin, dass »unparteiische Geister die Entdeckung gewöhnlich als
Gemeinschaftswerk der miteinander wetteifernden Bemühungen
französischer und englischer Astronomen darstellen.« Im Jahr 1905
verteidigte William Ellis, Hilfsastronom unter Airy, in einem Brief
an die Zeitschrift *Observatory* das Verhalten seines einstigen Chefs
während der Neptun-Affäre: »Die Stimmung, die damals so stark
aufbrandete, hat sein restliches Leben überschattet«, klagte er. Der
Herausgeber der Zeitschrift, der nicht an alte Wunden rühren
wollte, veröffentlichte zwar den Brief, erklärte jedoch in einem
Kommentar: »Wir wünschen keine weiteren Zuschriften zu diesem
Thema.«

Im Jahr 1911, nach dem Tod von Galle, versuchte Herbert Hall
Turner, der im Auftrag der Royal Astronomical Society den Nach-
ruf verfasste, einen Schlussstrich unter die Affäre zu ziehen. »Mit
dem Ableben von Johann Gottfried Galle fällt der Vorhang im
Drama um die Entdeckung des Neptun, das vor mehr als 60 Jahren
die ganze Welt in Atem hielt«, schrieb er. »Nun hat sich der Sturm
gelegt. Der Heimgang des letzten Beteiligten rührt keine unguten
Erinnerungen auf, denn Galle hat sich an diesen Auseinandersetzungen nie beteiligt.« Einige Absätze vorher hatte Turner jedoch
noch darüber spekuliert, was geschehen wäre, wenn man Galle die
Erlaubnis zur Suche nach dem Neptun verweigert hätte und Challis die Ergebnisse seiner Beobachtungen sorgfältiger ausgewertet
hätte.

Die Entdeckung des Neptun hinterließ als lang anhaltende Kontroverse ihre Spuren in der Geschichte der Astronomie. Wichtiger
jedoch war, dass nun eine neue Methode von unschätzbarem Wert

für die Suche nach Himmelskörpern zur Verfügung stand. Die Astronomen waren nicht länger darauf angewiesen, neue Himmelskörper zufällig mit ihren Fernrohren zu entdecken; stattdessen stellten sie nun komplizierte Berechnungen an, um Rückschlüsse auf das zu ziehen, was ihren Augen verborgen blieb. Wer würde als Nächster den Erfolg von Adams und Le Verrier wiederholen und noch einen Planeten entdecken? Die Jagd war eröffnet.

Kapitel 11

Schüsse ins Blaue

Dem bloßen Auge unsichtbar, fand man einen Schwesterplaneten in eisiger Ferne, der seine Bahnen 30-mal so weit von der Sonne entfernt wie die Erde zieht. Damit war die Möglichkeit eröffnet, dass die Grenzen unseres Sonnensystems noch nicht erreicht waren, sondern dass sich in den Tiefen des Raums noch weitere treue, wenn auch wenig begünstigte Mitglieder unserer Sonnenfamilie verbergen, die künftige Astronomen durch das Mitschwingen der Bahn des Neptun aufspüren könnten, so wie Neptun selbst durch die verräterischen Unregelmäßigkeiten des Uranus entdeckt wurde.

Agnes Clerke
A Popular History of Astronomy during the Nineteenth Century (1886)

»**D**ie Entdeckung eines Planeten durch eine neue Methode, bei der zuerst der Ort bestimmt wurde, an dem der Planet zu erwarten war, hat bei den Astronomen zu großem Enthusiasmus geführt«, erklärte der *Scientific American* im März 1847. »Alles konzentriert sich nun darauf, ob ein Bewegungsausschlag eines Himmelskörpers in irgendeine Richtung nicht bedeuten könnte, dass dort mehr Gewichte auf der Waagschale liegen, als man bisher erblicken konnte.«

Le Verrier selbst war bereits der Ansicht gewesen, dass die Technik, mit deren Hilfe man den Neptun gefunden hatte, noch zu weiteren Entdeckungen führen würde. »Dieser Erfolg«, schrieb er kurz nach dem großen Ereignis, »gibt Anlass zur Hoffnung, dass der neue Planet uns nach 30- bis 40-jähriger Beobachtung zu einem weiteren, noch sonnenferneren Planeten führen wird. Und dann wiederum zum Nächsten; bis dann leider die Planeten aufgrund ihrer großen Entfernung von der Sonne nicht mehr sichtbar sind, obwohl wir in den folgenden Jahrhunderten sicher mithilfe der Mathematik ihre Bahnen mit großer Genauigkeit berechnen können.«

Als Le Verrier im Jahr 1877 starb, hatte man die Masse und die Bahn des Neptun einigermaßen genau bestimmt. Etliche Astronomen waren der Ansicht, dass der neue Planet unmöglich allein die Bahnanomalien des Uranus erklären könne. Denn selbst wenn man den Gravitationseinfluss des Neptun in Rechnung stellte, blieb immer noch eine kleine Abweichung zwischen seiner vorausberechneten und der beobachteten Position. Sollte es etwa tatsächlich noch einen weiteren Planeten geben?

Im Jahr 1880 sagte George Forbes, ein schottischer Astronom, die Existenz eines Planeten voraus, der den Jupiter an Größe übertreffen und in einer Sonnenentfernung von 100 Astronomischen Einheiten seine Bahnen ziehen sollte. (Eine Astronomische Einheit [AE] stellt die Durchschnittsentfernung von der Erde zur Sonne dar. Diese gängige astronomische Maßeinheit entspricht zehn Bode-Einheiten.) Inzwischen verfügten die Planetenjäger über ein ganz neues technisches Hilfsmittel: die Astrofotografie. Der Astronom brauchte nur noch durch sein Teleskop eine Himmelsregion zu fotografieren, dies ein paar Tage später zu wiederholen und die beiden Aufnahmen miteinander zu vergleichen. So ließen sich mühelos die Objekte herausfiltern, die sich vor dem Fixsternhimmel bewegten. Die Fotografie vereinfachte erheblich die mühselige Arbeit der Sternkartierung, wie sie Challis noch bei der Suche nach dem Neptun geleistet hatte. Die fotografische Suche nach dem Stern, den Forbes postuliert hatte, brachte jedoch kein Ergebnis.

Forbes machte eine neue Voraussage; sie beruhte auf der Beobachtung von Kometen, deren Bahnen, wie er meinte, von einem unsichtbaren Planeten beeinflusst seien. Dieses Mal gab er die Entfernung mit 105 Astronomischen Einheiten an und mutmaßte, der Planet laufe auf einer stark gekippten Bahn, die ihn weit aus dem Zodiakus hinaustrage – was erklären würde, dass ihn bislang noch niemand gesehen hatte, da die meisten Planeten-

jäger ihr Suchgebiet auf die Region des Sternbildgürtels be-
schränkten.

Auch der amerikanische Astronom David Peck Todd sagte die
Existenz weiterer Planeten voraus, seine Suchaktionen blieben jedoch ergebnislos. Thomas Jefferson See, ein exzentrischer amerika-
nischer Astronom, behauptete aufgrund einer eigenen, sehr zwei-
felhaften Theorie, es gebe jenseits des Neptun noch drei weitere
Planeten, welche die Sonne in Abständen von 42, 56 und 72 Astronomischen Einheiten umkreisen würden. Sein Landsmann William
Pickering glaubte an einen Planeten von doppelter Erdmasse, der
die Sonne im Abstand von 52 Astronomischen Einheiten umrunden sollte. Unter den Dutzenden weiterer Voraussagen stammt die
vielleicht großspurigste von General Alexander Garnowsky. Im
Jahr 1902 behauptete er in einem Brief an eine französische Fachzeitschrift, er hätte nicht weniger als vier neue Planeten jenseits des
Neptun errechnet. Als man ihn jedoch um genauere Einzelheiten
bat, antwortete er nicht. Seine Planeten blieben ebenso unauffind-
bar wie die der anderen.

Von all jenen, die sich auf die Suche nach neuen Planeten jenseits
des Neptun machten, war der amerikanische Astronom Percival
Lowell sicher der hartnäckigste. Nachdem er in Flagstaff im Staat
Arizona sein eigenes Observatorium gegründet hatte, widmete er
sich mehrere Jahre lang der Beobachtung des Planeten Mars. Er
kartierte die Oberfläche, die er von einem Kanalsystem überzogen
glaubte. Lowell spekulierte darüber, welche Wesen diese Kanäle
wohl erbaut haben könnten, und warb für seine Theorien über den
Mars in einer ganzen Reihe von Büchern und Vorlesungen. Am
meisten machte er sicher durch seine ungewöhnlichen Vorstellungen über den Mars von sich reden. Insgeheim hegte auch Lowell
wie viele andere Astronomen die Hoffnung, eines Tages einen Planeten zu entdecken.

Seine erste Suchaktion nach einem Planeten jenseits des Neptun fällt in den Zeitraum zwischen 1905 und 1907. Fotografisch suchte er den Zodiakus ab, wobei er die Himmelsaufnahmen, die er im Abstand von einigen Tagen machte, genauestens unter die Lupe nahm. Auf diese Weise hoffte er, den neuen Himmelskörper, von ihm »Planet X« genannt, zu stellen. Doch er hatte keinen Erfolg. Also wandte sich Lowell wieder der Mathematik zu und versuchte, die Position seines erhofften Planeten anhand von Bahnstörungen zu ermitteln. Bald gelangte er zu der Überzeugung, dass der unbekannte Planet im Sternbild Waage zu finden sein müsse; er nahm 1911 die Suche mit Fernrohr und Kamera wieder auf, brach sie aber im Jahr darauf erneut ab.

Lowell setzte auch in den folgenden Jahren seine Berechnungen unermüdlich fort und wagte noch mehrere Voraussagen. Zwischen 1914 und 1916 schoss er bei seiner fieberhaften Planetensuche mehr als 1000 Fotos. Bei jeder seiner Voraussagen glaubte er fest daran, den Planet in kürzester Zeit zu finden, so wie einst Galle den Neptun direkt in der ersten Nacht gesichtet hatte. Seinen Bemühungen war aber kein Erfolg beschieden. Enttäuscht und erschöpft erlag Lowell 1916 einem Schlaganfall.

Es gab jedoch Mitglieder seiner Familie, die entschlossen waren, den Beweis anzutreten, dass er zurecht an einen Planeten jenseits des Neptun geglaubt hatte. Die weitere Suche wurde allerdings durch einen Rechtsstreit um das Testament behindert, das seine Witwe Constance anfocht. Schließlich konnte aber Lowells Neffe Roger Lowell Putnam im Jahr 1927 das Observatorium übernehmen. Er ließ ein neues, mit einer Kamera ausgerüstetes Teleskop speziell für die Suche nach dem Planet X bauen. Im Frühjahr 1929 war es fertig. Bedienen sollte es ein neuer Assistent, der 24-jährige Astronomiestudent Clyde Tombaugh.

Tombaugh begann, Aufnahmen vom Zodiakus zu machen, die mit einem speziellen Apparat, dem so genannten Blinkkomparator, auf Planeten untersucht wurden. Zwei Fotos eines Himmelsausschnitts mit dem Auge nach Unterschieden abzusuchen, ist außerordentlich mühsam, weil jedes Foto Hunderte oder sogar Tausende

Sterne zeigen kann. Der Blinkkomparator kann diese Arbeit wesentlich vereinfachen, indem er abwechselnd das eine und dann das andere Foto ins Blickfeld bringt. Schaut man durch das Okular, so bleiben die Sterne an ihrem Platz, bewegliche Objekte wie Planeten oder Asteroiden aber scheinen hin und her zu springen. Aus der Größe der Abweichung kann man auch Rückschlüsse auf den Abstand zur Sonne ziehen.

Nach zwei Monaten eifriger, aber unproduktiver Suche entschloss sich Tombaugh, dem Problem noch gründlicher zu Leibe zu rücken. Er arbeitete einen genauen Arbeitsplan aus, der vorsah, jeden Monat ein Sternbild des Zodiakus systematisch zu fotografieren. Jeder Himmelsabschnitt sollte dabei dreimal fotografiert werden, sodass alle Objekte, die beim Vergleich der ersten beiden Bilder Auffälligkeiten gezeigt hatten, noch einmal anhand eines dritten überprüft werden konnten. Im September 1929, als der Himmel nach der sommerlichen Regenperiode aufklarte, begann Tombaugh mit seiner Suche nach dem Planet X.

Im Januar 1930 hatte Tombaugh das Sternbild Zwilling erreicht. Am 21., 23. und 29. Januar fotografierte er einen Himmelsausschnitt nahe dem Stern Delta Geminorum, und als er am Nachmittag des 18. Februar die beiden letzteren Platten miteinander verglich, bemerkte er einen kleinen Punkt, der im Blinkkomparator hin und her sprang. Der Abstand zwischen den beiden Punkten ließ vermuten, dass es sich um ein Objekt jenseits des Neptun handelte. Tombaugh stürzte ins Büro des Direktors der Sternwarte und rief: »Ich habe Ihren Planet X gefunden.«

Das neue Objekt wurde weiter beobachtet und erneut fotografiert, um die Sache zu überprüfen. Unzweifelhaft hatte Tombaugh etwas gefunden; doch war das Objekt wesentlich kleiner, als Lowell es vorausgesagt hatte, und nicht einmal durch das stärkste Teleskop der Sternwarte war eine Scheibe zu erkennen. Immerhin stimmte die Position des Himmelskörpers grob (mit einer Abweichung von sechs Grad) mit einer der vielen Voraussagen Lowells für den Planet X überein. So wurde am 13. März 1930, am 75. Geburtstag von Percival Lowell, der Welt die Entdeckung des neuen Planeten in einem knappen, aber triumphierenden Telegramm verkündet: *»Vor Jahren begonnene systematische Suche in Fortsetzung von Lowells Forschungen nach Planet Jenseits des Neptun hat Objekt entdeckt – Stopp – Seit sieben Wochen andauernde Verfolgung von Bewegung und Bahn ergibt annähernde Übereinstimmung mit transneptunischem Objekt im von Lowell vorausgesagten Abstand – Stopp«* Das Telegramm enthielt weiter die Position des Planeten und wies darauf hin, dass diese mit der von Lowell vorausgesagten Länge übereinstimme. Der Planet X schien gefunden, und die von Adams und Le Verrier entwickelte Methode hatte, nach beinahe einem Jahrhundert, noch einmal zum Erfolg geführt.

Tombaughs Entdeckung sorgte weltweit für Schlagzeilen, und bald begann man sich Gedanken zu machen, welchen Namen der neue Planet tragen sollte. Es gab Hunderte von Vorschlägen, sowohl traditionelle als auch moderne; wieder meinten einige, wie einst Wilhelm Herschel nach der Entdeckung des Uranus, man solle die altmodische Sitte, Planeten mit Namen aus der Mythologie zu benennen, endlich aufgeben. Constance Lowell schlug anfangs vor, den Planeten »Lowell« zu nennen, schließlich brachte sie auch den von geringer Bescheidenheit zeugenden Vorschlag »Constance« ins Spiel, und dies ungeachtet der Tatsache, dass sie die Suche über viele Jahre behindert hatte. Nach einiger Zeit fanden aber vor allem zwei Namensvorschläge Anklang: Minerva und Pluto. Minerva war schon als möglicher Name für den Uranus im Gespräch gewesen und später von John Herschel auch als Kompromissvorschlag bei der Auseinandersetzung um die Benennung des Neptun ins Spiel gebracht worden. Doch da man einen im Jahr 1867 entdeckten Asteroiden bereits mit diesem Namen bedacht hatte, kam er nun nicht mehr in Betracht. Pluto jedenfalls, der Bruder von Jupiter und Neptun, der Gott der Unterwelt, schien eher geeignet; die beiden ersten Buchstaben konnten zudem als Hommage an Percival Lowell gelesen werden, der eine wesentliche Rolle bei seiner letztendlichen Entdeckung gespielt hatte. Also einigte man sich auf Pluto.

Je länger jedoch die Astronomen den Planeten beobachteten, desto merkwürdiger kam er ihnen vor. Da war zunächst die Tatsache, dass seine Bahn die des Neptun kreuzt und zudem im Verhältnis zu denen der übrigen Planeten stark geneigt verläuft, fast wie die eines Asteroiden. Die Masse von Pluto war zunächst auf das Siebenfache der Erdmasse geschätzt worden, doch schließlich stellte sich heraus, dass Pluto viel kleiner ist und eine weit geringere Masse besitzt. Und je mehr man über diesen entfernten, eisigen Himmelskörper erfuhr, desto mehr schrumpfte sie: 1955 dachte man noch, die Masse des Pluto sei etwa so groß wie die der Erde; 1968 schätzte man sie noch auf ein Fünftel der Erdmasse, und schließlich erkannte man, dass sie lediglich ein 500stel davon beträgt. Plutos Durchmesser beträgt nur rund 3 000 km. Damit ist der Planet kaum größer als Ceres, das größte Objekt im Asteroidengürtel. Das bedeutet aber auch, dass Pluto viel zu unbedeutend ist, um einen spürbaren Einfluss auf die Umlaufbahnen von Uranus oder Neptun zu haben. Es war also gar nicht möglich, ihn durch Gravitationseinflüsse auf andere Planeten aufzuspüren. Mit anderen Worten: dass man ihn nahe einer von Lowell für seinen Planet X vorausgesagten Position gefunden hatte, war reiner Zufall gewesen.

Tatsächlich meinen einige, Pluto könne gar nicht mit Fug und Recht als Planet bezeichnet werden. Aufgrund der Tatsache, dass die dünne Atmosphäre des Pluto gefriert, wenn er den sonnenfernen Bereich seiner Bahn erreicht, um wieder in den gasförmigen Zustand überzugehen, sobald er sich der Sonne nähert, wurde er von einigen boshaften Astronomen sogar bloß als »Riesenkomet« beschrieben. Da er aber auch häufig als der neunte Planet des Sonnensystems bezeichnet wird, ist er astronomisch sozusagen in zwei Welten zu Hause. Eine weitere Gruppe von Astronomen vertritt die Ansicht, man solle Pluto den Planetenstatus entziehen und ihn einfach als »Transneptunisches Objekt« (TNO) bezeichnen.

Das ist ein durchaus sinnvoller Vorschlag, zumal es hierfür einen astronomischen Präzedenzfall gibt. Seit 1992 sind jenseits der Bahn des Neptun oder diese kreuzend über 200 kleine, eisige, dem Pluto ähnliche Objekte gefunden worden. Das legt nahe, dass es sich beim Pluto wie bei der Ceres nur um das größte (und als Erstes entdeckte) Objekt in einem Gürtel kleiner Himmelskörper mit annähernd gleicher Bahn handelt. Wie bei Ceres, die man nach ihrer Entdeckung im Jahr 1801 zunächst als Planet bezeichnete, um sie dann später nur noch als den größten Asteroiden anzusehen, wäre es durchaus gerechtfertigt, Pluto eher als das größte TNO denn als Planeten zu bezeichnen. (Die Tatsache, dass Pluto einen Mond hat – Charon, er wurde 1978 entdeckt – ändert daran nichts, denn bei einer ganzen Reihe von Asteroiden wurden ebenfalls Monde gesichtet.)

In den Jahren nach Plutos Entdeckung wurde es zunehmend klarer, dass er nicht für die Unregelmäßigkeiten der Bahnen von Uranus und Neptun verantwortlich sein konnte, was neue Suchaktionen nach Lowells Planet X in Gang setzte. In den vierziger und fünfziger Jahren des 20. Jahrhunderts sagten Astronomen mehrfach Planeten in Umlaufbahnen von 65, 75, 77 und 78 Astronomischen Einheiten voraus. Tombaugh, der die Suche nach dem Planet X schließlich aufgab, errechnete, dass er mit seiner fotografischen Methode in der Lage wäre, einen jupiterähnlichen Planeten in 470 Astronomischen Einheiten von der Sonne und einen neptunähnlichen in 210 Astronomischen Einheiten zu finden. Falls es tatsächlich einen Planet X gab, so verstand er es hervorragend, sich in den Weiten des Sonnensystems verborgen zu halten.

Mittlerweile hatten die Astronomen ihre Aufmerksamkeit jedoch auf ganz neue Horizonte gerichtet: Sie suchten nach Welten außerhalb unseres Sonnensystems, nach Planeten, die nicht unsere Sonne, sondern fremde Sterne umkreisen. Die spannende Frage war, ob Planeten eine Ausnahme oder im Gegenteil eine ganz gewöhnliche Erscheinung im Universum sind. Außerdem erhoffte man sich Rückschlüsse auf die Gesetzmäßigkeiten der Planetenbildung. Einen Planeten zu finden, der seine Bahnen um einen anderen Stern zog, war also bedeutend interessanter, als einen weiteren Sonnentrabanten aufzuspüren. Und wieder einmal sollte die Methode den Weg weisen, die sich schon bei der Entdeckung des Neptun bewährt hatte.

Die Vorstellung, dass auch um andere Sterne Planeten kreisen könnten, ist schon uralt. Im 4. Jahrhundert v. Chr. sprach der griechische Philosoph Epikur von einer »Vielzahl von Welten«. Das Universum, so meinte er, bestehe aus unzähligen, übereinander lagernden Sphären, von denen jede ein eigenes Sonnensystem enthalte. »Es gibt unzählige Welten, manche der unsrigen ähnlich, manche ihr unähnlich«, erklärte er. Nur: Wie konnten die Astronomen sie entdecken?

Christian Huygens, ein holländischer Wissenschaftler und Astronom, war einer der Ersten, die sich mit dem Problem der Beobachtung von Planeten anderer Sterne beschäftigten. In seinem 1698 erschienen Werk *Cosmotheoros oder Betrachtung der Erdkugel* erklärte er es für unwahrscheinlich, dass in unserem Sonnensystem noch anderswo Leben existiere. Damit wollte er jedoch nicht ausschließen, dass es irgendwo auf Planeten, die andere Sonnen umkreisen, Leben geben könne. Erdähnliche Qualitäten »müssen wir desgleichen auch all jenen Planeten zusprechen, die diese gewaltige Zahl von Sonnen umkreisen«, schrieb er. Doch konnte man sich damals nicht vorstellen, dass es jemals möglich wäre, diese Planeten zu beobachten.

Ein Planet sendet kein eigenes Licht aus, und der schwache Widerschein, der von seiner Sonne stammt, würde von der Erde aus gesehen von deren bedeutend hellerem Licht überstrahlt werden. Einen solchen Planeten durch ein Teleskop zu beobachten, gleicht dem Versuch, aus etlichen Kilometern Entfernung eine Mücke auszumachen, die einen Flutlichtscheinwerfer umkreist – nur dass es noch schwieriger ist. Wilhelm Herschel, der die Ansicht vertrat, dass jeder Stern »wahrscheinlich von einem System von Planeten, Monden und Kometen umkreist wird, so wie der unsrige«, bedauerte zutiefst, dass diese Planeten »von uns niemals wahrgenommen werden können«.

Einige unerschrockene Astronomen versuchten es trotzdem. Zu ihnen gehörte Hermann Goldschmidt, ein deutscher Maler und Astronom, der insgesamt 14 Asteroiden entdeckte. 1863 behauptete Goldschmidt, er hätte fünf Himmelskörper gesichtet, die den Sirius umkreisen. Doch war dies entweder die Folge reinen Wunschdenkens oder eines optischen Fehlers seines Fernrohrs, denn niemand konnte seine Beobachtung bestätigen. Auch Thomas Jefferson See wollte welche entdeckt haben, und zwar bei einem Stern mit dem Namen 70 Ophiuchi. Andere Astronomen erhoben jedoch den grundsätzlichen Einwand, dass solche Planeten, sofern sie denn existierten, viel zu schwach leuchten würden, um von der Erde aus gesehen zu werden.

Die Entdeckungsgeschichte des Neptun eröffnete jedoch einen anderen Weg, nach fernen Planetensystemen Ausschau zu halten. Man brauchte sie gar nicht direkt vor das Teleskop zu bekommen, es genügte, nach indirekten Beweisen für ihre Existenz zu suchen. So wie sich der Neptun durch seine Störung der Uranusbahn verraten hatte, musste es doch möglich sein, die unsichtbaren Planeten durch ihre Gravitationswirkung auf das Muttergestirn nachzuweisen. Die Entdeckung eines Planeten, der einen anderen Stern umkreist, war sicherlich keine leichte Aufgabe. Da sie jedoch jahrhundertealte Fragen der Menschheit beantworten würde, war sie von höchstem wissenschaftlichem und philosophischem Interesse.

Da Sterne bedeutend größer als Planeten sind und natürlich auch eine sehr viel größere Masse besitzen, könnte man denken, Planeten seien überhaupt nicht in der Lage, ihren Mutterstern zu beeinflussen. Doch das können sie durchaus. Der Planet Jupiter beispielsweise, dessen Masse nur ein Tausendstel der Sonnenmasse beträgt, versetzt die Sonne trotzdem in eine leichte Schwingung. Streng genommen ist es sogar falsch zu behaupten, der Jupiter umkreise sie: Es ist vielmehr so, dass Sonne und Jupiter ein gemeinsames Massezentrum umkreisen. Besäßen beide die gleiche Masse, würde dieser Punkt die Mitte der Entfernung beider Himmelskörper markieren. Da die Masse der Sonne jedoch die des Jupiters um das 1 000fache übertrifft, ist das Massezentrum auch 1 000-mal näher am Sonnenmittelpunkt als am Jupitermittelpunkt. (Dies kann man mit einer Schaukel vergleichen, auf der eine schwere und eine leichte Person sitzen; der Drehpunkt liegt stets viel näher bei der schweren Person.) Jupiter und Sonne umkreisen diesen Punkt alle zwölf Jahre, wobei die Bewegung der Sonne ungefähr so groß ist wie ihr Durchmesser. Von einem 100 Billionen Kilometer entfernten Beobachtungspunkt (beispielsweise von einem hypothetischen Planeten, der den relativ nahen Stern Procyon umkreist), könnte man sehen, dass die Sonne innerhalb eines Jupiterumlaufs von zwölf Jahren um 1,6 Tausendstel Bogensekunden hin- und herpendelt.

Dies ist eine äußerst geringfügige Schwankung – weniger als ein Tausendstel der Bahnabweichung des Uranus, die zur Entdeckung des Neptun geführt hat. Aus der doppelten Entfernung wäre die sichtbare Sonnenbewegung dann nur noch halb so groß, noch weiter weg entsprechend geringer. Doch mit der Entwicklung der Sternenfotografie ist die Bestimmung von Sternenpositionen – die so genannte Astrometrie – viel genauer geworden als zu jener Zeit, da die Astronomen sich allein auf ihre Fernrohre und Quadranten verlassen mussten. Durch wiederholtes Fotografieren einer Himmelsregion kann ein Astronom die Position eines Sterns relativ zu den Nachbargestirnen bestimmen. Das erlaubt dann die Feststellung, ob der Stern »flattert« – und folglich Planeten hat.

Doch wo soll ein Astronom bei der ungeheuren Anzahl der Sterne mit der astrometrischen Suche beginnen? Die Antwort ist einfach: Je näher ein Stern unserem Sonnensystem ist, desto einfacher ist es, eine durch Planetenablenkung erzeugte Bewegung, ei-

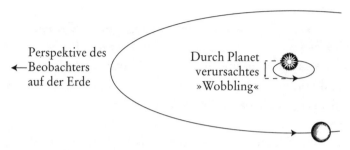

Perspektive des
←—Beobachters
auf der Erde

Durch Planet
verursachtes
»Wobbling«

Durch Planet verursachte Vor- und Zurückbewegung. Änderung der
Bewegungsrichtung (»Wobbling«) eines Sterns, verursacht durch den
Umlauf eines Planeten, stark übertrieben dargestellt.

nen so genannten »Wobble«, zu entdecken. Die bei weitem be-
rühmteste astrometrische Planetensuche führte Peter van de Kamp
aus, der über Jahrzehnte einen kleinen, schwach leuchtenden Stern
mit dem Namen »Barnards Pfeilstern« beobachtete.

Dieser Stern, den 1916 der amerikanische Astronom Edward
Emerson Barnard entdeckte, ist von unserer Sonne aus gesehen der
drittnächste Stern. Er ist 56 Billionen Kilometer von der Erde entfernt, was in astronomischen Dimensionen ein Katzensprung ist.
Das Licht von Barnards Pfeilstern braucht sechs Jahre, um zur
Erde zu gelangen, sodass man seine Entfernung gewöhnlich einfach
mit sechs Lichtjahren angibt. Barnards Pfeilstern ist aber nicht nur
unserem Sonnensystem sehr nahe, er besitzt auch weniger Masse
als die Sonne, was bedeutet, dass ein jupiterähnlicher Planet bei ihm
eine bedeutend größere Schwankung verursachen würde. Trotzdem war klar, dass es jahrelange Beobachtung erfordern würde, einen Planeten nachzuweisen.

Van de Kamp begann 1938 am Sproul Observatory in Pennsyl-
vania das Gebiet um Barnards Pfeilstern mit einem leistungsstarken
60-Zentimeter-Teleskop zu fotografieren. In den frühen sechziger
Jahren glaubte er dort tatsächlich eine Pendelbewegung nachgewiesen zu haben, die immerhin 24,5 Tausendstel Bogensekunden betragen sollte. Diese astrometrisch nachgewiesene Schwankung, er-

klärte er mit einem Selbstvertrauen, wie es dereinst auch Le Verrier gezeigt hatte, »lässt keine andere Erklärung zu als eine Ablenkung durch einen unsichtbaren Begleiter von Barnards Pfeilstern«. Aus der Größe der Ablenkung ließ sich die Größe des Trabanten ableiten, und von ihrer Dauer die Umlaufbahn. Van de Kamp kam zu dem Schluss, Barnards Pfeilstern werde von einem unsichtbaren Planeten umkreist, der beinahe die doppelte Masse des Jupiter habe und 24 Jahre für einen Umlauf benötige. Ungewöhnlich war allerdings, dass der Planet eine besonders lang gestreckte, elliptische Umlaufbahn haben sollte, wie sie eher für einen Kometen typisch gewesen wäre, sodass sein Abstand zum Muttergestirn zwischen zwei und sieben Astronomischen Einheiten schwankte. Die neue Technik der Astrometrie hatte, so schien es, die Entdeckung eines ersten Planeten außerhalb des Sonnensystems ermöglicht.

1969 versuchte van de Kamp seine Voraussage zu präzisieren. Aufgrund Tausender von Beobachtungen glaubte er nun daran, dass es sich um zwei gigantische Planeten handle, die den Stern auf annähernd kreisförmigen Bahnen innerhalb von zwölf beziehungsweise 26 Jahren umliefen. Dies war ein aufsehenerregender Befund, hieß es doch, dass Barnards Pfeilstern ganz ähnlich wie die Sonne anscheinend von mehreren Planeten umkreist wurde. (Die Umlaufzeiten von Jupiter und Saturn beispielsweise betragen zwölf und 30 Jahre.) Das wiederum ließ die Vermutung zu, Planetensysteme wie das der Sonne seien überhaupt weit verbreitet, und dass Barnards Pfeilstern vielleicht auch noch über kleinere, erdähnliche Planeten verfüge. Allerdings stand nicht zu erwarten, sie mit astrometrischen Mitteln nachweisen zu können, da sie sicher nicht genug Masse besaßen, um eine von der Erde aus erkennbare Schwankungsbewegung ihrer Sonne auszulösen.

Nicht alle Astronomen waren jedoch von van de Kamps Voraussagen überzeugt. Einige Beobachter, welche die Position von Barnards Pfeilstern ebenfalls bestimmt hatten, konnten überhaupt keine Schwankung feststellen. Eine ausführliche Studie, die 1973 von George Gatewood und Heinrich Eichhorn veröffentlicht wurde und die Position von Barnards Pfeilstern mit äußerster Genauigkeit bestimmte, kam zu dem Schluss, dass es keinerlei Anzeichen für das Vorhandensein von Planeten gebe. Die darauf folgende Überprüfung des Datenmaterials von van de Kamp legte nahe, dass der von ihm festgestellte Wobble in Wahrheit durch einen Ausrichtungsfehler seines Fernrohrs bei einer Reinigung im Jahr 1949 zustande gekommen war. Doch auch, nachdem er daraufhin alle Beobachtungen aus der Zeit vor 1950 aus seinen Berechnungen ausschloss, glaubte van de Kamp immer noch fest daran, dass es ihm gelungen sei, hinreichende Beweise für die Existenz von zwei Planeten zu liefern.

Bald jedoch geriet die Planetensuche mithilfe der Astrometrie in Verruf. Außer van de Kamp behaupteten etliche weitere Astronomen, mit ähnlichen Methoden bei den nahe gelegenen Sternen 70 Ophiuchi, 61 Cygni, Lalande 21185 und Epsilon Eridani Planeten entdeckt zu haben. Doch keine dieser Entdeckungen hielt einer genaueren Überprüfung stand. Schließlich vermutete man, dass sie sämtlich auf Instrumentenfehler zurückzuführen seien.

Das Interesse am Planet X belebte sich in den siebziger und achtziger Jahren mit der Mission der unbemannten Raumsonden Pioneer und Voyager, die bis zu den Grenzen unseres Sonnensystems vordrangen. Es gab mehrere neue Voraussagen über die Größe und die Position des geheimnisumwobenen Planeten, deren Grundlage wieder einmal die Analyse von offensichtlichen Abweichungen in den Bahnbewegungen von Uranus und Neptun war.

Es sollte schließlich der Neptun sein, der alle Hoffnungen auf den Planet X zunichte machte. 1989, als die Sonde Voyager 2 am Neptun vorbeizog, war es möglich, aus der Ablenkung ihrer Bahn die Masse des Neptun mit bis dahin unerreichter Genauigkeit zu berechnen. Wie sich herausstellte, besaß der Neptun eine um 0,5 Prozent geringere Masse als bisher angenommen. E. Myles Standish, ein Astrophysiker am Jet Propulsion Laboratory der NASA, gab den präzisierten Wert für die Masse des Neptun in die Bahnmodelle für die äußeren Planeten ein und stellte fest, dass die

Anomalien in den Bahnen von Uranus und Neptun – die ein Jahrhundert lang die Spekulationen über Planeten jenseits des Neptun genährt hatten – beinahe vollständig verschwanden. Das war der letzte Nagel im Sarg des Planet X.

Die Bilder, die Voyager 2 zur Erde sandte, ließen auch Art und Ausdehnung der Ringe des Neptun erkennen, deren Existenz seit Mitte der achtziger Jahre des 19. Jahrhunderts aufgrund von irdischen Beobachtungen vermutet worden war. Diese Ringe, von denen einige merkwürdigerweise nur Teilbögen darstellen, wurden nach Astronomen benannt, die an der Entdeckung des Planeten beteiligt waren. So sind Adams, Le Verrier, Galle und Arago Namensgeber von Neptunringen geworden – Airy und Challis gingen jedoch leer aus. Ein weiterer Ring wurde nach William Lassell benannt, dem britischen Astronomen, der den Neptunmond Triton entdeckt hatte.

Als sich durch den Vorbeiflug der Voyager das Interesse an diesem fernen Planeten belebte, flackerte auch die Neptun-Kontroverse wieder auf. Sie war im 20. Jahrhundert mehr und mehr in Vergessenheit geraten, abgesehen von einem kurzen Wiederaufleben im Jahr 1946, zum 100. Jahrestag der Entdeckung. W. M. Smart von der Universität Glasgow wurde bei dieser Gelegenheit gebeten, vor der Royal Astronomical Society eine Gedenkrede zu halten, in der er die Neptun-Affäre noch einmal aufrollte. Er wurde daraufhin vom damaligen Königlichen Astronomen, H. Spencer Jones, für seine angeblich ungerechtfertigte Kritik an Airy scharf angegriffen. Es kam zu einer brieflichen Auseinandersetzung zwischen den beiden Astronomen, die in der Zeitschrift *Nature* dokumentiert ist.

Die Aufregung legte sich aber wieder, bis Allan Chapman, Historiker an der Universität Oxford, in den achtziger Jahren eine Verteidigung von Airy veröffentlichte; Robert W. Smith von der Smithsonian Institution hob die Bedeutung des Beziehungsgeflechts in Cambridge bei der Suche der Engländer nach dem Neptun hervor; und eine Biografie von Adams, geschrieben von seiner Urgroßnichte Hilda Harrison, griff erneut die These auf, Airy hätte insgeheim mit Le Verrier konspiriert. Als sich schließlich herausstellte, dass Airys »Akte Neptun« – eine Sammlung zahlreicher Originaldokumente, die mit der Entdeckung in Zusammenhang standen – auf unerklärliche Weise verschwunden war, beschuldigte der Historiker Dennis Rawlins das Royal Greenwich Observatory, die ganze Angelegenheit vertuschen zu wollen.

Beinahe anderthalb Jahrhunderte nach der Entdeckung des Neptun war alles wie gehabt. Nach wie vor stritt man sich um die Entdeckung – und die Verheißung, mithilfe des Gravitationsgesetzes neue Planeten entdecken zu können, ohne sie im Teleskop zu erblicken, hatte sich immer noch nicht erfüllt. Trotz intensiver Bemühungen hatte man weder innerhalb noch außerhalb des Sonnensystems auf diese Weise neue Planeten finden können. Jahrzehntelange Berechnungen und Beobachtungen hatten nichts zu Tage gefördert außer Pluto, einem winzigen Schneeball, der kaum die Bezeichnung »Planet« verdient und dessen Entdeckung eher einer systematischen Durchforstung des Himmels zu verdanken ist als der Bestätigungsbeobachtung einer mit mathematischen Mitteln erarbeiteten Voraussage. Mit dem anhaltenden Streit um die Umstände seiner Entdeckung und dem uneingelösten Erbe der daran beteiligten Astronomen, deren Triumph niemals wiederholt werden konnte, war und bleibt Neptun etwas Besonderes.

Kapitel 12
Unsichtbare Welten

Schau, wie Systeme sich verzahnen,
Schau fremde Sonnen und Planetenbahnen.

Alexander Pope
aus *Essay on Man* (1733-1734)

Anfang der neunziger Jahre war die Planetenjagd als Gebiet der Astronomie etwas in Verruf geraten. Finanzmittel für die Suche nach den Planeten anderer Sterne waren schwer zu bekommen, und Astronomen, die sich auf diesem Feld betätigten, wurden misstrauisch beäugt. Aber sie suchten weiter.

Die ursprünglich so vielversprechende Idee, Planeten mit astrometrischen Methoden zu entdecken – also Bahnstörungen (wobbles) bei ihren Muttersternen nachzuweisen –, hatte zu nichts geführt. Deshalb wandten sich die Planetenjäger einem anderen indirekten Verfahren zu: der Messung der Radialgeschwindigkeit. Auch hier versucht man einen durch den Gravitationseinfluss eines Planeten verursachten Wobble festzustellen, und zwar längs der Sehlinie zwischen Betrachter und Stern, also auf uns zu oder von uns weg.

Nehmen wir an, wir befinden uns auf einem hypothetischen Planeten, der den benachbarten Stern Procyon umkreist – etwa 100 Billionen Kilometer (etwa 11 Lichtjahre) von der Erde entfernt. Von diesem Planeten aus könnten wir beobachten, dass sich die Sonne durch den Einfluss des Jupiters im Laufe seiner zwölfjährigen Umlaufzeit um 1,6 Tausendstel einer Bogensekunde hin und her bewegt, da sich Planet und Sonne um ihren gemeinsamen Schwerpunkt drehen. Aber Jupiter veranlasst die Sonne auch, sich auf der Sehlinie unseres Beobachters auf dem hypothetischen Planeten vor- und zurückzubewegen. Diese Bewegung verursacht geringfügige Veränderungen im Sonnenspektrum – die Farbbereiche, in die das Licht zerlegt wird, wenn es durch ein Prisma fällt. Diese Veränderungen sind auf den so genannten Doppler-Effekt zurückzuführen. Aus dem Alltagsleben ist uns dieses Phänomen bekannt: Die Sirene eines herannahenden Krankenwagens klingt höher als die des sich entfernenden Wagens, weil sich die Schallwellen vor dem fahrenden Wagen stauen, sich hinter ihm dagegen weiter ausdehnen. Ein ähnlicher Effekt tritt bei einem sich bewegenden Stern ein, da eine Lichtquelle, die sich auf den Beobachter zu bewegt, eine Wellenlängenverschiebung in Richtung Violett zeigt, während bei einer Vergrößerung des Abstands eine Verschiebung nach Rot erfolgt. Man nennt diese Methode daher auch Doppler-Wobble-Methode.

Je nach Stärke dieser Verschiebung kann man die Geschwindigkeit bestimmen, mit der sich der Stern längs der Sehlinie zum Beobachter bewegt, die so genannte Radialgeschwindigkeit. Der Jupiter zum Beispiel bewirkt eine Bewegung der Sonne mit einer maximalen Radialgeschwindigkeit von 12,5 Metern pro Sekunde. Also könnte ein ferner Beobachter auf einem Planeten des Procyon den Jupiter aufspüren, indem er das Sonnenspektrum im Laufe mehrerer Jahre immer wieder untersucht, die Verschiebung der Spektrallinien misst, die Radialgeschwindigkeit der Sonne bestimmt und dann auf periodische Veränderungen achtet. Ebenso können Beobachter auf der Erde Planeten aufspüren, die andere Sterne umkreisen, indem sie nach Schwankungen der Radialgeschwindigkeit suchen.

Wird eine Schwankung festgestellt kann wie bei der astrometrischen Methode aus ihrer Größe die Masse des verantwortlichen Planeten geschätzt werden, während ihre Dauer Aufschluss über seine Umlaufzeit gibt. Je größer der Planet und je näher er seinem Mutterstern ist, umso größer ist die Schwankung.

So kompliziert sie scheinen mag, die Radialgeschwindigkeits-

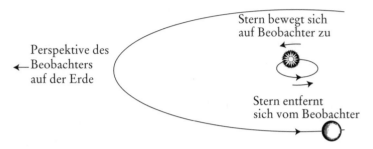

Die Bewegungen eines Sterns längs der Sehlinie, die durch einen Planeten verursacht werden, stark übertrieben dargestellt. Die wiederholte Messung der Geschwindigkeit des Sterns längs der Sehlinie zum Beobachter (die Radialgeschwindigkeit) ermöglicht es, den Planeten aufzuspüren.

messung hat gegenüber der astrometrischen Methode einen bedeutenden Vorteil: Die Vor- und Zurückbewegung eines Sterns längs der Sehlinie zum Betrachter, die durch einen Planeten verursacht wird, vermindert sich auch bei Beobachtung aus großer Entfernung nicht. (Hingegen erscheinen Schwankungen zur Seite mit wachsendem Abstand kleiner und sind folglich schwerer wahrzunehmen.) Das heißt, dass Planetenjäger, die sich der Radialgeschwindigkeitsmethode bedienen, eine weit größere Auswahl an Sternen haben. Sie brauchen sich nicht auf die wenigen Sterne in unmittelbarer Nachbarschaft zur Sonne zu beschränken.

Die erste Planetensuche mithilfe der Radialgeschwindigkeitsmessung nahmen die kanadischen Astronomen Bruce Campbell und Gordon Walker im Jahr 1980 in Angriff. Sie richteten ihr Teleskop auf einen sonnenähnlichen Stern und führten sein Licht durch eine Gaszelle, eine mit Wasserstofffluorid gefüllte Küvette, die das Spektrum des Sterns mit seinem eigenen charakteristischen (aber unveränderlichen) Muster heller und dunkler Linien überlagerte. Damit gelang es, die Spektrallinien des Sterns so genau zu messen, dass die Radialgeschwindigkeit des Sterns mit einer maximalen Abweichung von 15 Metern pro Sekunde angegeben werden konnte. Eine solche Messgenauigkeit reicht jedoch nicht aus, um einen Planeten von der Größe und dem Abstand des Jupiters nachzuweisen, denn ein jupiterähnlicher Planet erzeugt bei einem sonnenähnlichen Stern nur eine Geschwindigkeitsänderung von 12,5 Metern pro Sekunde. Aber sie könnte Planeten aufspüren, die schwerer sind oder näher an ihrem Mutterstern liegen als der Jupiter (beide Faktoren würden eine Geschwindigkeitsänderung von mehr als 12,5 Metern pro Sekunde auslösen).

Campbell und Walker beobachteten 21 Sterne fast 15 Jahre lang. 1988 gab es einen falschen Alarm, als sie meinten, Hinweise gleich auf mehrere Planeten gefunden zu haben. Letztlich erwies sich ihre Suche aber als fruchtlos, und 1995 streckten sie die Waffen. Zu diesem Zeitpunkt hatten aber bereits mehrere andere Astronomen angefangen, mithilfe der Radialgeschwindigkeitsmessung nach Planeten zu suchen.

Geoffrey Marcy, Astronom an der San Francisco State University, begann 1987 mit seiner Suche. Er und sein Kollege Paul Butler beschlossen, ihre Küvette mit Jod statt mit Wasserstofffluorid zu füllen, wovon sie sich eine größere Messgenauigkeit versprachen. Jod zeigt im relevanten Teil des Spektrums mehr Spektrallinien und bewirkt so eine höhere Messpräzision. Aber durch die Berücksichtigung der zusätzlichen Spektrallinien wird die Berechnung der Radialgeschwindigkeit wesentlich komplizierter, sodass sie nur mithilfe leistungsstarker Computer durchzuführen ist. Nach jahrelanger Verfeinerung ihrer Methode konnten Marcy und Butler im Jahr 1994 die Radialgeschwindigkeit eines Sterns mit einer Genauigkeit von drei Metern pro Sekunde ermitteln.

Unterdessen hatte ein Forscherteam um William Cochran an der Universität von Texas in Austin eine ähnliche Planetensuche mithilfe der Radialgeschwindigkeitsmethode in Angriff genommen. Und die Schweizer Astronomen Michel Mayor und Didier Queloz begannen in der Haute-Provence-Sternwarte in Südfrankreich eine eigenständige Suche. Die beiden Schweizer hatten eine trickreiche Methode ersonnen: Sie verzichteten auf die Küvette. Statt das Licht des Zielsterns durch eine solche Probe zu leiten und damit das

Geoffrey Marcy (links) und Paul Butler (rechts)

Spektrum des Sterns mit dem durch das Gas definierten Maßstab abzugleichen, beobachteten Mayor und Queloz gleichzeitig (aber gesondert) sowohl den Stern als auch eine Lampe mit geeichtem Spektralmuster. So war es nicht mehr nötig, das Spektrum des Sterns auf den durch die Lampe vorgegebenen Maßstab zu übertragen. Queloz schrieb ein Programm, mit dem die Radialgeschwindigkeit eines Sterns innerhalb von Minuten nach der Beobachtung und mit einer Genauigkeit von 13 Metern pro Sekunde berechnet werden konnte. Anders als Marcy und Butler, die mit ihrem Verfahren die Radialgeschwindigkeit erst nach tagelangen Computerberechnungen angeben konnten, waren Mayor und Queloz in der Lage, sie für jede Beobachtung praktisch ohne Verzögerung zu bestimmen. Die beiden Astronomen begannen 1994 mit der Untersu-

Didier Queloz (links) und Michel Mayor (rechts)

chung von 142 sonnenähnlichen Sternen, wobei sie alle Beobachtungen in mehrmonatigen Abständen wiederholten. Wie ihre Kollegen nahmen sie an, dass sich durch Planeten verursachte Veränderungen der Radialgeschwindigkeit der Sterne erst nach jahrelanger Beobachtung zeigen würden.

Im Oktober 1994 bemerkte jedoch Queloz ein sonderbares Verhalten des Sterns 51 Pegasi, ein sonnenähnlicher Himmelskörper im Sternbild Pegasus, dem geflügelten Pferd. Die ersten Beobachtungen hatten ähnliche Werte für die Radialgeschwindigkeit ergeben, aber die Beobachtung vom Oktober lieferte völlig andere Zahlen. Als auch die Beobachtung vom Dezember einen stark abweichenden Wert aufwies, vermutete Queloz zunächst, mit seinem Programm sei etwas nicht in Ordnung. Er und Mayor beschlossen, den Stern während des restlichen Dezembers genauer im Auge zu behalten, und im Januar 1995 stand fest, dass es nicht am Programm lag, 51 Pegasi pendelte tatsächlich mit hoher Frequenz vor und zurück. Statt mehrere Jahre für einen Wobble zu benötigen, wie bei einem Stern mit einem jupiterähnlichen Planeten zu erwarten gewesen wäre, vollzog sich das Phänomen bei 51 Pegasi anscheinend erheblich schneller. Queloz' Berechnungen ergaben, dass jede Schwankung nur vier Tage dauerte, ein Ergebnis, das durch weitere Beobachtungen Anfang März bestätigt wurde. Queloz schickte Mayor, der gerade Studienurlaub machte, ein Fax, in dem er ihm mitteilte, dass die Bewegung von 51 Pegasi auf einen Planeten zurückzuführen sein könnte. Falls sich das tatsächlich bestätigen sollte, sei er anders als alle Planeten unseres Sonnensystems: Es müsse dann ein riesiges, jupiterartiges Objekt sein, das seinen Stern auf einem noch kleineren Orbit umkreise als der Merkur die Sonne.

Während der nächsten Wochen versuchten Mayor und Queloz, Gewissheit darüber zu erlangen, ob sie tatsächlich einem Planeten auf der Spur waren. Zu oft schon hatten Planetenjäger falschen Alarm gegeben, also hüteten sie sich, vorschnelle Schlüsse zu ziehen. Gleichzeitig befürchteten sie, dass ein anderes Forscherteam ebenfalls auf die gewaltigen Abweichungen der Radialgeschwindigkeit von 51 Pegasi aufmerksam werden – der Stern pendelte immerhin mit 60 Metern pro Sekunde längs der Sehlinie – und ihnen bei der Entdeckung zuvorkommen könnte. Sie erwogen, ob die gemessenen Änderungen der Radialgeschwindigkeit auch durch eine Ausbeulung oder einen Fleck auf dem Stern selbst oder durch ein Pulsieren seiner Oberfläche bewirkt werden könnten. Aber keine dieser Hypothesen hielt einer näheren Untersuchung stand. Mit wachsender Erregung überprüften sie ihre Instrumente und ihre Programme, konnten aber keine Fehler entdecken. Es gab keine andere Erklärung: 51 Pegasi musste einen Planeten haben.

Bevor sie jedoch mit ihrer Entdeckung an die Öffentlichkeit traten, wollten Mayor und Queloz noch einen letzten Test durchführen. Sie fassten ihre Ergebnisse für die Publikation zusammen und erstellten ein Diagramm, das die Radialgeschwindigkeit des Sterns für vier Tage in der ersten Juliwoche vorhersagte. Sie hatten vor, den Stern in vier aufeinander folgenden Nächten zu beobachten, um sicherzustellen, dass seine Radialgeschwindigkeit mit ihren Vorhersagen übereinstimmte. Erst dann wollten sie ihre Studie der Wissenschaftszeitschrift *Nature* zur Publikation vorlegen.

In der ersten Nacht richteten die beiden Astronomen ihr Teleskop gespannt auf 51 Pegasi und warteten darauf, dass der Computer den Wert der Radialgeschwindigkeit ausspuckte. Er stimmte mit der Vorhersage perfekt überein. In den beiden folgenden Nächten wiederholten die Wissenschaftler die Prozedur, und auch da deckte sich das Ergebnis mit ihren Vorhersagen. In der vierten Nacht nahmen die Astronomen ihre Familien mit in die Sternwarte, um die letzte, alles entscheidende Messung vorzunehmen. Als auch sie den Erwartungen entsprach, wurde die mitgebrachte Torte ausgepackt und die Champagnerkorken knallten.

Mayor und Queloz gaben ihre Entdeckung am 6. Oktober 1995 bei einer astronomischen Konferenz in Florenz bekannt. Die mathematische Analyse ihrer Beobachtungen der Radialgeschwindigkeit zeigte, dass ein Planet seine Bahn um 51 Pegasi ziehen musste. Es musste sich um einen Planeten von der Masse des Jupiters handeln, der den Stern alle 4,2 Tage in einem Abstand von 0,05 Astronomischen Einheiten umrundete. Das sah nach einem höchst ungewöhnlichen Planeten aus. Im Widerspruch zu den landläufigen Theorien der Planetenbildung, die davon ausgehen, dass jupiterähnliche Planeten nur in einem Abstand von mehr als vier Astronomischen Einheiten zu ihrem Mutterstern entstehen können, bewegt sich dieser neue Planet auf einer wesentlich engeren Umlaufbahn. Aber über diese Frage sollten sich die Theoretiker den Kopf zerbrechen. Wichtig war nur, dass zum ersten Mal ein Planet aufgespürt worden war, der eine andere Sonne umkreiste. Es sollte der erste von vielen sein.

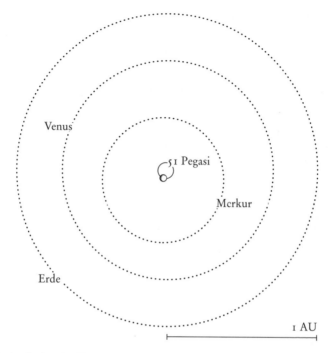

Die Umlaufbahn des Planeten um 51 Pegasi im Vergleich zu den Bahnen von Merkur, Venus und Erde im selben Maßstab. Der Planet von 51 Pegasi ist ein Gasriese wie der Jupiter, aber seine Umlaufbahn liegt viel näher an seinem Mutterstern als die des Merkur um die Sonne. Zur besseren Übersichtlichkeit ist das Zentralgestirn selbst nicht abgebildet.

Die Bestätigung der Ergebnisse von Mayor und Queloz ließ nicht lange auf sich warten. Marcy und Butler, auf deren Liste 51 Pegasi nicht gestanden hatte, nahmen ein paar Tage später Messungen seiner Radialgeschwindigkeit vor und stellten fest, dass der Stern tatsächlich den von Mayor und Queloz beobachteten Wobble zeigte. Innerhalb weniger Tage hatten sie genügend eigene Daten gesammelt, um das Vorhandensein eines Planeten zu bescheinigen. Die Bekanntmachung, dass es auch ihnen gelungen war, den Planeten nachzuweisen, sorgte weltweit für eine Sensation. Immerhin hatten zwei unabhängige Teams von Planetenjägern ihre Teleskope auf denselben Stern gerichtet und positive Ergebnisse erzielt, die perfekt übereinstimmten – das hatte es in der schlimmen alten Zeit, als nach Planet X geforscht oder mit astrometrischen Methoden nach Planeten gesucht wurde, nicht gegeben.

Marcy und Butler kam nun der Gedanken, dass sich in den Daten ihrer seit acht Jahren gesammelten Radialgeschwindigkeitsmessungen vielleicht noch der ein oder andere weitere Planet verbarg. Wie die meisten ihrer Kollegen hatten sie angenommen, dass jene großen, jupiterähnlichen Planeten, nach denen sie suchten, für eine Umrundung ihres Muttersterns ein Jahrzehnt oder mehr benötigten. Daher schien ihnen eine Auswertung der gesammelten Daten erst lohnenswert, nachdem sie die Zielsterne mehrere Jahre beobachtet hatten. Aber 51 Pegasi hatte das Gegenteil bewiesen. Weil er seinem Mutterstern so nahe stand und seine Bahn so rasch zurücklegte, hatte er sich schon nach wenigen Beobachtungstagen verraten. Und wenn vielleicht noch andere Sterne auf Marcys und Butlers Liste Planeten mit so engen Umlaufbahnen besaßen, dann standen den Astronomen möglicherweise schon genügend Daten zur Verfügung, um ihnen auf die Spur zu kommen. Folglich mussten sie nur ihre bereits getätigten Beobachtungen auswerten.

Im November 1995 machten sich die beiden Astronomen daran, ihren Datenberg zu sichten – ein zeitaufwändiges Vorhaben, das enorme Rechenkapazitäten in Anspruch nahm. Im folgenden Monat erbrachte ihre Analyse Hinweise auf einen Planeten, der den Stern 47 Ursae Majoris umkreiste, einen sonnenähnlichen Stern im Sternbild des Großen Bären (ein Teilbild davon ist unter dem Namen Großer Wagen geläufig). Weitere Berechnungen ergaben, dass der Planet die dreifache Masse und Größe des Jupiter besaß, seinen Stern im Abstand von 2,1 Astronomischen Einheiten umrundete und für einen Umlauf etwa drei Jahre benötigte. Der Beweis für die Existenz des Planeten hatte die ganze Zeit auf den Festplatten von Marcy und Butler geschlummert.

Am 30. Dezember bargen sie eine zweite Entdeckung aus der

Datenfülle: Ein Himmelskörper von der achtfachen Masse des Jupiter umkreise auf einer stark elliptischen Bahn den Stern 70 Virginis. Marcy und Butler gaben diese beiden Entdeckungen im Januar 1996 bekannt. Da die Planetenjäger weltweit nun wussten, wonach sie suchen mussten, ließen weitere Entdeckungen nicht lange auf sich warten. Innerhalb weniger Monate wurden neue Planeten um die Sterne Tau Bootis A, Rho Cancri A, Ypsilon Andromedae, Rho Corona Borealis und 16 Cygni B gefunden. Als sich daraufhin weitere Astronomenteams auf die Jagd machten, hagelte es neue Funde. Auf die acht Entdeckungen zwischen 1995 und 1997 folgten 1998 weitere acht und bis Ende 1999 zusätzliche zwölf neu aufgespürte Planeten. Nun wurde im Schnitt jeden Monat ein neuer Planet gefunden. Im Mai 2000 war eine Gesamtzahl von 41 erreicht.

Mit der Zahl der entdeckten Planeten wächst auch die Ratlosigkeit von Astronomen und Theoretikern der Planetenbildung. Der Planet von 51 Pegasi war nur der erste von mehreren Riesenplaneten, bei denen man sehr enge Umlaufbahnen entdeckte. Zudem wurden mehrere Planeten ähnlich dem von 70 Virginis aufgespürt, die merkwürdig gestreckte Bahnen haben. Das bedeutet, dass die Theorie der Planetenbildung neu geschrieben werden muss. Die Vorstellung, dass die Planetensysteme anderer Sterne im Großen und Ganzen unserem Sonnensystem gleichen, ist nicht mehr haltbar. Denn je mehr Planeten entdeckt werden, umso außergewöhnlicher erscheint unser eigenes Sonnensystem.

Die unerwartete Beschaffenheit dieser extrasolaren Planeten hat bei Skeptikern die Frage aufgeworfen, ob diese Planeten tatsächlich existieren. Nachdem Mayor und Queloz ihren Nachweis der Geschwindigkeitsschwankungen von 51 Pegasi veröffentlicht hatten, erklärte der kanadische Astronom David Gray, er könne anhand seiner Beobachtungen zeigen, dass sie in Wirklichkeit auf ein komplexes Pulsieren des Sterns zurückzuführen seien und nicht auf den

Gravitationseinfluss eines Planeten. Gemeinsam mit Marcy und Butler verfassten Mayor und Queloz eine ausführliche Widerlegung, und als spätere Beobachtungen von 51 Pegasi mit Grays Hypothese nicht in Einklang zu bringen waren, zog er seinen Einwand zurück.

Andere Skeptiker haben erklärt, die extrasolaren Planeten, die wir nun kennen, seien gar keine Planeten, sondern sehr kleine, schwach leuchtende Sterne, so genannte Braune Zwerge. Tatsächlich ist die Unterscheidung zwischen einem sehr großen Planeten und einem sehr kleinen Stern keineswegs klar. Beide sind im Wesentlichen große Kugeln aus Wasserstoff und Helium, die durch Gravitationskräfte zusammengehalten werden. Bisher sind sich die Astronomen noch nicht im Klaren, ob es eine Obergrenze für die Masse eines Planeten oder eine Untergrenze für die Masse eines Sterns gibt. Der Planet, der 70 Virginis umkreist, besitzt beispielsweise die achtfache Masse des Jupiters und erreicht damit annähernd die Masse des kleinsten bekannten Braunen Zwergs.

Zwei Forschungsergebnisse belegen jedoch auf dramatische Weise die These, dass die Himmelskörper, die jene fernen Sonnen umkreisen, tatsächlich Planeten sind. Im April 1999 wurde zum ersten Mal der Nachweis vorgelegt, dass ein sonnenähnlicher Stern von mehreren Planeten umringt wird. Dass der fraglich Stern Ypsilon Andromedae einen Planeten von der Masse des Jupiters besitzt, der ihn alle 4,6 Tage im Abstand von 0,06 Astronomischen Einheiten umrundet, war bereits bekannt. In Zusammenarbeit mit anderen Planetenjägern vom Harvard-Smithsonian Center für Astrophysik in Cambridge, Massachusetts und vom High Altitude Observatory in Boulder, Colorado analysierten Marcy und Butler ihre bis 1988 zurückreichenden Daten. Aus den komplexen Bewegungen des Sterns konnten sie die Existenz von zwei weiteren Planeten mit der doppelten beziehungsweise vierfachen Masse des Jupiters ableiten, die Ypsilon Andromedae im Abstand von 0,83 und 2,5 Astronomischen Einheiten umkreisen. Die drei sich überlagernden, jeweils von einem anderen Pla-

206 DIE AKTE NEPTUN

neten verursachten Wobbles wurden mittels Computeranalyse getrennt.

Dass Ypsilon Andromedae drei Planeten besitzt, ist deshalb aufschlussreich, weil man davon ausgeht, dass sich Sterne und Planeten auf verschiedene Weise bilden. Ein Stern entsteht durch den gravitationsbedingten Kollaps einer Staub- und Gaswolke, während sich Planeten aus dem Wirbel des Restmaterials bilden, das diesen Jungstern umkreist. Das Vorhandensein mehrerer Körper in konzentrischen Bahnen um Ypsilon Andromedae ist also ein aussagekräftiger Beleg dafür, dass es sich tatsächlich um Planeten handelt. Es ist damit zu rechnen, dass in den kommenden Jahren noch weitere Planetensysteme entdeckt werden, wenn Astronomen die Sterne mit bereits aufgespürten Einzelplaneten weiter im Auge behalten und auf langjährige Schwankungen achten. Bei mehreren Sternen besteht bereits der Verdacht, dass sie außer dem bereits bekannten noch weitere Planeten besitzen.

Im November 1999 wurde eine weitere Bestätigung für die planetare Beschaffenheit der entdeckten Begleiter fremder Sterne erbracht. Viele Astronomen richteten ihr Augenmerk auf die Helligkeit der Sterne mit den neu entdeckten Planeten, weil sie hofften, dass einer von ihnen direkt zwischen seiner Sonne und der unserer Erde vorbeiziehen und eine leichte Trübung des Sterns hervorrufen würde – mit anderen Worten, sie wollten einen Durchgang beobachten. Dies ist nur möglich, wenn die Bahnebene des Planeten auf der Sehlinie zur Erde liegt, sodass wir auf ihre Schmalseite schauen; was mit einer statistischen Wahrscheinlichkeit von 1:10 zutrifft. Im Sommer 1999 entdeckten zwei Teams von Planetenjägern unabhängig voneinander einen jupiterähnlichen Planeten, der den Stern HD 209458 in einem Abstand von 0,05 Astronomischen Einheiten in einer Umlaufzeit von 3,523 Tagen umkreist. Die Bahnebene des Planeten liegt in der Sehlinie zur Erde, und zwei unabhängige Beobachtergruppen stellten fest, dass der Stern mehrfach um etwa zwei Prozent weniger Licht ausstrahlte, und zwar genau in dem Augenblick, für den der Durchgang des Planeten vorhergesagt war.

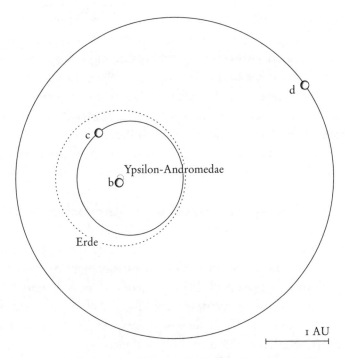

Die Bahnen von drei bekannten Planeten im Ypsilon-Andromedae-System (b, c und d) im Vergleich zur Umlaufbahn der Erde im selben Maßstab. Zur besseren Übersichtlichkeit ist das Zentralgestirn selbst nicht abgebildet.

Das heißt, während des Transits verdunkelt der nicht sichtbare Planet zwei Prozent der Sternscheibe, wie sie sich von der Erde aus zeigt. Dank dieser Beobachtung konnten Größe und Masse des Planeten sehr genau bestimmt werden. Man stellte fest, dass er 63 Prozent der Masse des Jupiters besitzt, aber anderthalbmal größer ist – mit anderen Worten, es handelt sich um einen Gasriesen, dessen Nähe zum Mutterstern verhindert, dass er abkühlt und schrumpft, wie es auf einer kälteren, weiter entfernten Bahn möglich wäre. Überdies ist er exakt in dem Maße angeschwollen, wie es ein neues Theoriemodell für Planeten vorhersagt, die so nahe um ihren Mutterstern kreisen, dass sie durch seine Hitze regelrecht aufgebläht werden, ein Beleg dafür, dass die neuen Theorien, mit denen Ursprung und Eigenschaften ungewöhnlicher extrasolarer Planeten erklärt werden sollen, auf dem richtigen Weg sind. Vor allem aber hat die Beobachtung extrasolarer Planetendurchgänge den schlagenden Beweis dafür geliefert, dass solche Planeten wirklich existieren, und dass die mittels der Radialgeschwindigkeitsmessung festgestellten Bewegungen nicht durch Braune Zwerge, stellare Flecken, Ausbuchtungen oder Pulsieren hervorgerufen werden.

Da ihre Existenz nun erwiesen ist, stellt sich unausweichlich die Frage, wie die extrasolaren Planeten heißen sollen. Im Augenblick erhalten die Planeten den Namen ihres Muttersterns, an den zusätzlich ein entsprechender Kleinbuchstabe angehängt wird. Der Planet von 51 Pegasi heißt beispielsweise 51 Pegasi b, und die drei Planeten um Ypsilon Adromedae sind als Ypsilon Adromedae b, c und d bekannt, in der Reihenfolge ihres Abstands vom Mutterstern. (Diese Konvention ist aus der Benennung von Doppelsternen abgeleitet, wobei der Buchstabe »a« dem Stern selbst vorbehalten bleibt.)

Allerdings hat dieses Benennungsschema eine Reihe von Nachteilen. Wenn ein Stern einen Planeten (b) besitzt, und anschließend ein zweiter Planet auf einer engeren Umlaufbahn entdeckt wird, muss der erste Planet seinen Namen abtreten und heißt fortan c, was nicht unproblematisch ist: Jede wissenschaftliche Abhandlung, die zuvor den ersten Planeten als b bezeichnete, würde fortan einen falschen Namen benutzen. Dass es dazu kommt, ist durchaus denkbar. Mit den derzeitigen Methoden kann man kleine Planeten von der Größe der Erde oder des Mars kaum aufspüren, aber sobald das möglich ist, kann sich durchaus herausstellen, dass sie ihrem Mutterstern näher sind als die bereits bekannten Riesenplaneten.

Die einfachste Lösung wäre natürlich, den neuen Planeten eigene Namen zuzuordnen so wie den Planeten und Monden unseres Sonnensystems. Damit wird unweigerlich die Frage der Tradition aufgeworfen: Sollen die neuen Planeten mythologische Namen erhalten? Traditionalisten haben für den Planeten von 51 Pegasi den Namen Bellerophon vorgeschlagen, den der legendäre Bändiger des Flügelrosses Pegasus trug. Mayor und Queloz haben Epikur vorgeschlagen, zu Ehren des Philosophen, der als Erster die Existenz anderer Sonnensysteme für möglich hielt. Nur halb ernst erklären sie, angesichts der Flut von Entdeckungen werde der Vorrat an mythologischen Namen bald erschöpft sein und daher solle man bei der Benennung extrasolarer Planeten lieber auf historische Persönlichkeiten zurückgreifen statt auf Sagengestalten.

Bisher hat die Internationale Astronomische Union, die das Recht zur Benennung astronomischer Objekte besitzt, noch keine Regelung für extrasolare Planeten getroffen. Aber angesichts der Geschwindigkeit, mit der immer neue Planeten entdeckt werden, ist die Zeit dafür reif. Vielleicht wird man nun endlich mit der mythologischen Tradition brechen.

Seit 1995 haben die Planetenjäger reiche Beute gemacht, und in den kommenden Jahren werden sie noch Dutzende neuer Welten entdecken. Sie sind sich aber bewusst, dass die Radialgeschwindigkeitsmethode nur ein ungenaues Bild der fremden Planetensysteme liefert. Die Oberfläche von Sternen ist nicht glatt und statisch, sondern brodelt und verschiebt sich unentwegt und unvorhersehbar. Bei relativ stabilen Sternen bewegt sie sich mit einer Geschwindigkeit von einem Meter pro Sekunde, bei weniger stabilen noch schneller. Diese Zufallsbewegung kann von der regelmäßigen, ruhigen Reflexbewegung unterschieden werden, die ein Planet verursacht, vorausgesetzt, sie liegt im für uns messbaren Bereich. Aber die winzigen Schwankungen, die von kleinen und weit außen kreisenden Planeten hervorgerufen werden, gehen in der Oberflächenaktivität des Sterns unter. Daher kann eine Radialgeschwindigkeitsmessung nur wirklich massereichen Planeten mit einer engen Umlaufbahn auf die Spur kommen.

Ein außerirdischer Astronom auf einem fernen Planeten würde durch Messung der Radialgeschwindigkeit unserer Sonne vermutlich zunächst nur den Jupiter nachweisen können, der eine Reflexbewegung von 12,5 Metern pro Sekunde verursacht. Durch jahrzehntelange Beobachtung könnte er möglicherweise auch den Saturn aufspüren, der 0,3 Jupitermassen besitzt und bei der Sonne Reflexbewegungen von drei Metern pro Sekunde auslöst. Aber unser außerirdischer Astronom könnte weder den Merkur, noch die Venus, die Erde oder den Mars entdecken, da ihre geringen Massen keine messbaren Wobbles hervorrufen. Auch der Uranus und der Neptun blieben ihm verborgen, weil beide so weit von der Sonne entfernt ihre Bahnen ziehen, dass sie trotz ihrer jeweils relativ großen Masse (etwa ein 20stel der Jupitermasse) ebenfalls keine messbare Schwankung erzeugen. (Und der winzige Pluto ist ohnehin nicht ernst zu nehmen.)

Solange neben der Radialgeschwindigkeitsmessung keine empfindlicheren Methoden für die Planetensuche zur Verfügung stehen, gewinnen die Planetenjäger eine verzerrte Sicht der Planetensysteme anderer Sonnen. Glücklicherweise sind bereits neuartige Verfahren entwickelt worden und die nächste Generation von Planetensuchgeräten ist im Bau.

Überraschenderweise ist es ausgerechnet die Astrometrie, die für die nahe Zukunft vielversprechende Ansätze bietet – allerdings in einer moderneren, präziseren Variante, der Interferometrie. Dabei wird das Licht von zwei oder mehr Einzelteleskopen kombiniert, um ein wesentlich größeres Teleskop zu simulieren. Mehrere kleine Spiegel können so angeordnet werden, dass sie sich wie Teile eines einzigen, wesentlich größeren Spiegels verhalten. Zwei Zehn-Meter-Teleskope, aufgestellt im Abstand von 100 Metern, können die Vermessung eines Sterns mit derselben Genauigkeit durchführen wie ein einzelnes 100-Meter-Teleskop. Mehrere Sternwarten rund um die Welt richten sich derzeit darauf ein, diese Technik zu nutzen, unter anderem das Keck Observatory auf Hawaii, das Very Large Telescope in Chile und das Large Binocular Telescope in Arizona.

Der Einsatz der Interferometrie zur Messung von Sternpositionen wird ermöglichen, astrometrisch nachgewiesene Wobbles wesentlich genauer zu messen als je zuvor, und den Astronomen die Entdeckung weiterer Planeten bescheren. Anders als die Radialgeschwindigkeitsmessung, die sich hervorragend eignet, um kleine, schnelle Schwankungen in der Bewegung eines Sterns zu messen, kann die astrometrische Methode eher die langsamen, feinen Wobbles aufspüren, wie sie von großen, sonnenfernen Planeten ausgelöst werden. Der Planet von 51 Pegasi verursacht beispielsweise alle vier Tage eine Reflexbewegung seines Muttersterns. Uranus hingegen löst bei der Sonne nur alle 84 Jahre eine Vor- und Rückwärtsbewegung aus, und zwar so sachte, dass die Geschwindigkeit der Sonne dadurch kaum beeinträchtigt wird – der Einfluss liegt bei weniger als einem Meter pro Sekunde. Uranusähnliche Planeten könnten also mithilfe der Radialgeschwindigkeitsmessung niemals aufgespürt werden, wohl aber mittels der Astrometrie. Astronomen am Keck Observatory, die ihre Teleskope als Interferometer einsetzen, rechnen damit, Schwankungen im Bereich von einer Zwanzigmillionstel Bogensekunde messen zu können. Damit könnten sie uranusähnliche Planeten von Sternen aufspüren, die bis zu 33 Lichtjahre entfernt sind.

Noch genauere astrometrische Messungen sind vom Weltraum aus möglich, wo der verzerrende Einfluss der Erdatmosphäre wegfällt, die scheinbare Schwankungen der Sterne hervorruft und die Positionsbestimmung erschwert. Unbemannte Raumsonden, die in den nächsten Jahren ins All geschickt werden, werden eine noch genauere Messung von Sternpositionen und Wobbles als erdgebundene Sternwarten ermöglichen, wobei wieder Interferometrie eingesetzt wird. Space Technology 3, eine Mission, die 2003 ins All starten soll, besteht aus zwei separaten Sonden, die mit einem Kilometer Abstand in Formation fliegen werden, um unter Einsatz von unabhängig steuerbaren Teleskopen das Prinzip einer weltraumgestützten Interferometrie zu erproben. Eine weitere Raumsonde, die Space Interferometry Mission (SIM) soll im Jahr 2005 mit zwei Teleskopen ins All gehen, die an den Enden eines zehn Meter langen Auslegers befestigt sind und Schwankungen noch im Bereich von einer Millionstel Bogensekunde messen können. Damit wird möglich, auch kleine Planeten von nur vierfacher Erdmasse bei Sternen in einer Entfernung von bis zu 33 Lichtjahren auszumachen.

All diese neuen Techniken werden die Menagerie extrasolarer Planeten um Dutzende von Exemplaren bereichern. In ihrer Gesamtheit werden sie wesentlich mehr Informationen über die Vielfalt fremder Planetensysteme liefern; dabei darf man durchaus mit Überraschungen rechnen. Können erdähnliche Planeten in einem Sonnensystem neben rasch kreisenden Riesenplaneten existieren? Gibt es Regeln, welche die Größe und den Abstand von Planeten in fremden Sonnensystemen bestimmen, so wie das Bodesche Gesetz, von dem man einst glaubte, es könne das Unsrige erklären? (Es gibt Theoretiker, die bereits in diese Richtung denken. Offenbar ist das Bodesche Gesetz doch nicht ganz tot, man beschäftigt sich mittlerweile mit verwandten, aber komplexeren Vorstellungen.) Die Entdeckungen des nächsten Jahrzehnts werden zur Klärung dieser und ähnlicher Fragen beitragen.

Die neue Ära der Planetenjagd besiegelte auch endgültig die vorangegangene. Mit dem sensationellen Nachweis des Planeten von 51 Pegasi und anderer seither gefundener extrasolarer Planeten wurde der anderthalb Jahrhunderte währenden erfolglosen Suche, die nach der Entdeckung des Neptun begann, ein Ende gesetzt. Endlich haben Astronomen wieder einen neuen Planeten aufgespürt, ohne ihn durch ihre Teleskope zu sehen. Die mageren Jahre waren vorbei, und es folgte eine wahre Flut von Funden. Nun regnet es Planeten vom Himmel.

Wir stehen erst am Anfang einer goldenen Ära der Planetenjagd. Kaum ein Monat verstreicht ohne die Nachricht, dass wieder ein neuer Planet entdeckt wurde, der eine ferne Sonne umkreist. In spätestens zehn Jahren werden wir in der Lage sein, Karten mehrerer fremder Sonnensysteme mit den Bahnen und Eigenschaften ihrer großen und kleinen Planeten zu zeichnen. Keiner dieser Planeten wird jedoch für das menschliche Auge sichtbar sein. Vielmehr wird man sie auf indirektem Wege aufspüren: durch die mathematische Analyse von Bahnstörungen, so wie die Existenz des Planeten Neptun von Adams und Le Verrier in den vierziger Jahren des 19. Jahrhunderts ermittelt wurde. Die Entdeckung des Neptun bleibt im Grunde das Vorbild für die heutige Entdeckung der Planeten anderer Sonnen – die astronomische Kostümprobe in unserem eigenen Sonnensystem für die Methode, mit der jetzt zahllose unsichtbare Welten aufgespürt werden.

Queloz, Mitentdecker des Planeten von 51 Pegasi, spricht gern über den Neptun, wenn er gebeten wird, seine Arbeit zu schildern; insbesondere wenn er erklären soll, wie man Planeten finden kann, ohne sie zu sehen. »Es geht darum, den Menschen zu erklären, dass wir diese Planeten nicht beobachten«, sagt er. »Wir brauchen kein Foto, um sicher zu sein, dass da ein Planet ist. Das kann man am besten erklären, indem man darauf hinweist, dass auch der Neptun entdeckt wurde, obwohl man ihn nicht sah.«

Die Ende der neunziger Jahre gewonnenen Erkenntnisse haben das Versprechen des Neptun erfüllt. Und noch eine weitere Entdeckung könnte die Kontroverse um die Entdeckung des Neptun beenden: Im Frühling 1999 wurde Airys verloren geglaubte Dokumentensammlung – die »Akte Neptun« – wieder gefunden. Sie war von einem Mitarbeiter des Royal Greenwich Observatory ausgeliehen worden, der daraufhin eine Stelle in Chile antrat und die Akte mitnahm. Nach seinem Tod wurde sie nach England zurückgeschickt. Das Wiederauftauchen der Akte bedeutet, dass die letzten Gespenster der Neptun-Kontroverse, wie etwa die Behauptung, Airy habe mit Le Verrier konspiriert, endgültig ihren Frieden finden können. In der Akte finden sich keine Hinweise für diese abwegige Vorstellung.

Dennoch wird die Geschichte des Neptun auch weiterhin ein Echo finden, wenn in den nächsten Jahren weitere Entdeckungen folgen. Denn heute sehen wir jeden neuen extrasolaren Planeten – mit den Worten John Herschels aus dem Jahr 1846 –,»... wie Kolumbus Amerika von der spanischen Küste aus sah. Seine Bahn wurde mit den weitreichenden Mitteln der Mathematik aufgespürt, und zwar mit einer Gewissheit, die fast so stark ist wie der Beweis durch die tatsächliche Beobachtung.« Als Herschel diese Rede hielt, hatten sowohl Adams als auch Le Verrier die Existenz des Neptun bereits vorhergesagt, und Challis war schon seit Wochen mit seiner letztendlich ergebnislosen Suche beschäftigt. Erst zwei Wochen darauf sollte dann Galle den Neptun durch sein Teleskop erblicken. Also sind wir jetzt gewissermaßen auf halbem Weg bei der modernen Rekapitulation der Neptun-Entdeckung, denn wir warten auf die erste direkte Beobachtung – auf die ersten Bilder eines Planeten, der einen fremden Stern umkreist.

Pläne für gigantische Raumteleskope, die solche Bilder liefern könnten, existieren schon auf dem Reißbrett. Die amerikanische Weltraumbehörde NASA will voraussichtlich im Jahre 2012 ein Weltraumobservatorium namens Terrestial Planet Finder (TPF) ins All schicken. Vier 3,5-Meter-Teleskope werden in Formation mit einem Abstand von mehreren hundert Metern fliegen. Das Licht der vier Teleskope wird an ein fünftes Raumfahrzeug gesendet, wo es so kombiniert wird, dass das ganze System einem gigantischen Teleskop mit einem Kilometer Durchmesser gleichkommt, was ermöglichen soll, Bilder benachbarter Sonnensysteme aufzufangen. Ein ähnliches Vorhaben namens Darwin wird von der Europäischen Raumfahrtbehörde geplant.

Noch ehrgeiziger sind die spannenden NASA-Pläne für eine Mission namens Planet Imager. Sie würde aus Dutzenden von TPF-artigen Raumfahrzeugen bestehen, jedes mit einem Acht-Meter-Teleskop ausgestattet, die in einer gewaltigen Formation von sechs Kilometern Durchmesser fliegen sollen. Die Bündelung des Lichts dieser Teleskope würde es möglich machen, Bilder von Planeten um Nachbarsonnen zu erhalten, auf denen man Kontinente, das Wetter und Monde erkennen kann. Ja, es wäre sogar denkbar, die Zusammensetzung ihrer Atmosphäre auf Lebensspuren hin zu untersuchen.

Zwar kann man sich heute noch nicht richtig vorstellen, dass derart komplizierte, teure Vorhaben je in die Tat umgesetzt werden. Aber Adams und Le Verrier wären zweifellos erstaunt gewesen zu hören, dass 150 Jahre nach der Entdeckung des Neptun eine Raumsonde an dem Planeten vorbeigeflogen ist und Bilder seiner Oberfläche, seiner Ringe und Monde zur Erde geschickt hat.

TPF und Darwin sind nicht die einzigen Projekte, die darum wetteifern, das erste Bild eines extrasolaren Planeten zu liefern. Es könnte auch von einer erdgebundenen Sternwarte der nächsten Generation stammen, von der aus große, helle, jupiterähnliche Planeten um unsere Nachbarsterne möglicherweise direkt beobachtet werden können – und zwar mithilfe der so genannten adaptiven Optik, mit der die verzerrende Wirkung der Erdatmosphäre kompensiert werden kann. Genauso denkbar ist, dass ein Weltraumteleskop der nächsten Generation, mit dem das Teleskop Hubble ersetzt werden soll, das erste Bild liefert.

Viel spricht jedenfalls dafür, dass sich in den nächsten Jahren ein Bild eines fremden Planeten auf dem Computerbildschirm eines Astronomen entfalten wird, um dann auf den Titelseiten der Zeitungen um die Welt zu gehen. Und irgendwann einmal wird das erste Bild eines erdähnlichen Planeten, der eine andere Sonne umkreist, zum Leitbild werden – so wie die ersten vom Weltraum aufgenommenen Bilder der Erde in den sechziger Jahren.

Offensichtlich ist die Planetenjagd ein Forschungsfeld, auf dem die großen Entdeckungen noch zu machen sind. Aber der Erfolg der modernen Planetenjäger ermuntert uns nicht nur, einen Blick in die Zukunft zu werfen, sondern regt uns auch an, die Vergangenheit mit neuen Augen zu betrachten. Im Lichte der Entdeckung des ersten extrasolaren Planeten erscheinen Adams und Le Verrier nicht als rivalisierende Entdecker des Neptun, sondern als gemeinsame Begründer der modernen Disziplin der Planetenjagd. Auf ihrem neuen Ansatz, in den vierziger Jahren des 19. Jahrhunderts entwickelt, basiert auch heute noch die Suche nach neuen Welten. Dank ihrer detektivischen Arbeit beleuchtete Uranus den Weg zum Neptun – und Neptun weist jetzt den Weg zu den Sternen.

Anmerkungen

Kapitel 1: Der Sphärenmusiker

Die Schilderung der Entdeckung des Neptun durch Wilhelm Herschel basiert zu großen Teilen auf Lubbock *(The Herschel Chronicle)*, auf Herschels eigenem Bericht, der in den *Philosophical Transactions of the Royal Society* erschien, auf Sidgwick *(Wilhelm Herschel)* und auf Armitage *(Wilhelm Herschel)*. Weitere biografische Details über Wilhelm und Caroline Herschel stammen von Clerke *(The Herschels and Modern Astronomy)*, Holden *(Sir Wilhelm Herschel)* und Macpherson *(Makers of Astronomy)*; Auszüge aus Carolines Tagebuch und die Geschichte von Mr. Bernards Musikstunde sind nach Lubbock zitiert. Die Diskussionen über die Planetennatur der Umlaufbahn des Uranus und die Debatte über seinen Namen finden sich bei Lubbock, Arago *(Popular Astronomy)* und Moore *(Wilhelm Herschel)*. Matthew Turners Vergleich mit der »terra incognita« ist nach Schaffer zitiert *(Uranus and Herschel's Astronomy)*. Freunden der Aubrey/Maturin-Romane von Patrick O'Brian wird nicht entgangen sein, dass Caroline Herschel in der vierten Erzählung der Reihe, *The Mauritius Command*, aus der Ferne als Quelle von Ehestreit und astronomischer Inspiration in die Handlung eingreift.

Kapitel 2: Etwas weitaus Besseres als ein Komet

Weiteres biografisches Material über Wilhelm Herschels späteres Leben und den Bau des Ein-Meter-Teleskops sind Sidgwick *(Wilhelm Herschel)* und Dunkin *(Obituary Notices of Astronomers)* entnommen, bei denen auch Einzelheiten über Herschels Verkauf von Teleskopen zu finden sind. (Sidgwick beschreibt Herschels Audienz bei Napoleon im Jahre 1802. Die Gesprächsthemen waren Astronomie, Pferdezucht, die Unterschiede zwischen der Pariser und der Londoner Polizei und der schlimme Ruf der britischen Sensationspresse.) Einzelheiten über den Ursprung des Bodeschen Gesetzes stammen von Nieto *(The Titius-Bode Law of Planetary Distances)*. Biografische Details über von Zach und die Aufstellung der »Himmels-Polizey« lieferten Cunningham *(The Baron and His Celestial Police)* sowie von Zach selbst in einem Bericht in der *Monatlichen Correspondenz*. Die Beschreibung der Entdeckung der Ceres durch Piazzi einschließlich seiner Korrespondenz mit Oriani ist Cunningham *(Giuseppe Piazzi and the Missing Planet)* entnommen. Informationen über Gauß und seine neuen Berechnungsmethoden verdanken sich Dunnington *(Carl Friedrich Gauss: Titan of Science)*, Bell *(Men of Mathematics)* sowie Teets und Whitehead *(The Discovery of Ceres)*. Die Beschreibung des Leuchtmikrometers stammt von Armitage *(Wilhelm Herschel)*. Die Kommentare aus der *Edinburgh Review* sind nach Clerke *(The Herschels and Modern Astronomy)* zitiert.

Kapitel 3: Ein Planet tanzt aus der Reihe

Eine Beschreibung astronomischer Instrumente und ihres Gebrauchs zur Messung der Position von Himmelsobjekten liefert Chapman *(Dividing the Circle)*. Über das angesehene Royal Greenwich Observatory und den Wert seiner lückenlosen Planetenbeobachtungen berichtet McCrea *(The Royal Greenwich Observatory)*. Die Schilderung der fehlgeschlagenen Versuche, die Bahn des Uranus zu bestimmen, basiert auf Alexander *(The Planet Uranus)* und zusätzlichem Material, das Arago *(Populäre Astronomie)* und Grant *(History of Physical Astronomy)* liefern.

Kapitel 4: Ein astronomisches Rätsel

Die verschiedenen Theorien, mit denen man die Bahnanomalien des Uranus zu erklären versuchte, fassen Nicol *(The Planet Neptune)* und Le Verrier *(Recherches)* zusammen; Letzterer widerlegt eine nach der anderen. Der Namensvorschlag »Ophion« ist nach Nieto *(The Titius-Bode Law of Planetary Distances)* zitiert. Über das von Valz angenommene Objekt jenseits des Uranus gibt Grosser *(Die Entdeckung des Planeten Neptun)* Auskunft. Airys Korrespondenz mit Hussey und Eugène Bouvard zu diesem Thema ist in der Akte Neptun gesammelt. (Airy stellte mithilfe eines Bromkopierverfahrens Kopien aller abgeschickten Briefe her, die er der Akte Neptun beifügte; viele dieser Kopien sind inzwischen verblasst und beinahe unleserlich geworden.) Die Beschreibung von Airys Charakter stammt von Maunder *(The Royal Observatory Greenwich)*, von Meadows

(The Royal Observatory) und aus der Autobiografie seines Sohnes Wilfrid Airy. Bessels Wort von der »Ader gediegenen Goldes« ist uns überliefert durch seine *Populären Vorlesungen über wissenschaftliche Gegenstände*, S. 451. Mädlers Annahme eines transuranischen Planeten findet sich in seiner *Populären Astronomie*.

Kapitel 5: Der junge Detektiv

Einzelheiten der Biografie von John Couch Adams sind Glaisher (»Biographical Notes«), Harrison *(Voyager)*, Smart *(John Couch Adams)* und Jones *(John Couch Adams)* entnommen. Die Schilderung der Prüfungstradition in Cambridge stammt von Ball *(A History of the Study of Mathematics at Cambridge)*. Die Erinnerungen von George Adams sind nach Harrison zitiert. Der Brief von Challis, in dem er in Adams' Namen von Airy die Positionsdaten des Uranus erbittet, befindet sich in der Akte Neptun. Die Beschreibung von Adams mathematischer Vorgehensweise geben Grant *(History of Physical Astronomy)* und Adams (»Explanation« und *Scientific Papers)*. Challis Empfehlungsschreiben an Airy und dessen Antwort finden sich ebenfalls in der Akte Neptun. Die Bemerkung über »praktische Astronomen« machte Adams in »Explanation«. Einzelheiten über den täglichen Arbeitsablauf bei Airy stammen von Chapman *(Private Research and Public Duty)*. Adams' zusammengefalteter Zettel, auf dem er Airy seine Voraussage der Position des vermuteten Planeten mitteilte, gehört zur Akte Neptun.

Kapitel 6: Der Meistermathematiker

Einzelheiten des Falls Richardson stammen aus der *Times*; Airys Tagebucheintragung zu Richardsons Entlassung ist nach Chapman *(Private Research and Public Duty)* zitiert. Airys Erwiderung auf Adams findet sich in der Akte Neptun. Die Frage der Bedeutung des Radiusvektors wird von Littlewood *(Mathematician's Miscellany)* diskutiert. Biografisches Material über Le Verrier stammt aus dem »Obituary« der Royal Astronomical Society und aus der *Centenaire de la Naissance*, von Ball *(Great Astronomers)*, Dunkin *(Obituary Notices of Astronomers)*, Sheehan und Baum (»Vulcan Chasers« und *In Search of Planet Vulcan)* sowie aus der Biografie von Le Verrier auf der Website der Pariser Sternwarte (http://www.obspm.fr/histoire/acteurs/leverrier.fr.shtml). Le Verriers mathematische Vorgehensweise schildern Grant *(History of Physical Astronomy)* und Le Verrier selbst *(Recherches)*. Airys Reaktion auf Le Verriers zweite Studie ist nach seinem »Account« zitiert, sein Brief an Whewell nach Smith *(Cambridge Network)*. Airys Brief an Le Verrier über den Radiusvektor und Le Verriers Antwort sind Bestandteile der Akte Neptun. Airys Bemerkung vor der Astronomenversammlung ist ebenfalls nach seinem »Account« zitiert.

Kapitel 7: Der größte Triumph der Theorie

Die Erläuterung der Motive, die Airy bewogen, Challis in Cambridge mit der Suche nach dem neuen Planeten zu beauftragen, ist Smith *(Cambridge Network)* und Chapman *(Private Research and Public Duty)* entnommen, hält sich jedoch enger an die Darstellung von Smith. Airys Briefe an Challis, in denen er ihn darum bittet, die Suche aufzunehmen, und eine Beobachtungsmethode vorschlägt, finden sich in der Akte Neptun. Die Beschreibung der Suche in Cambridge stammt von Challis *(Account)*, aus seiner Korrespondenz mit Airy, wie sie in der Akte Neptun erhalten ist, und aus seinen späteren Briefen an den *Cambridge Chronicle* und *The Athenaeum*, die als Ausschnitte der Akte Neptun beiliegen. Einzelheiten der Bemühungen, welche die Pariser Sternwarte und John Hind in London auf der Suche nach dem neuen Planeten machten, stammen von Smith; über Maurys Scheitern, in Washington eine Suche zu organisieren, berichtet Grosser *(The Discovery of Neptune)*. Le Verriers Vorschlag, der neue Planet könne anhand seiner Scheibe identifiziert werden, stammt aus seinem Werk *Recherches*. Adams Brief, in dem er seine zweite Voraussage des Planeten macht, ist der Akte Neptun entnommen. Schumachers Brief an Le Verrier ist nach Gloden *(Centenaire de la découverte de Neptune)* zitiert. Le Verriers Brief an Galle und die darauf folgende Entdeckung des Planeten durch Galle und d'Arrest beschreiben Galle (»Über die Erste Auffindung des Planeten Neptun«), Dreyer *(Historical Note)*, Turner (»Obituary Notice of Johann Gottfried Galle«) und Wattenberg *(Johann Gottfried Galle)*. Enckes Einwand gegen die Sichtbarkeit der Scheibe des Neptun ist nach einem Brief an den *Sideral Messenger* zitiert. Die Glückwunschschreiben von Encke und Schumacher an Le Verrier sind Grosser entnommen.

Kapitel 8: Streit um die neue Welt

Die Korrespondenz zwischen Galle und Le Verrier wird in *Recherches* zitiert. Le Verriers Brief an Airy, in dem er ihm die Entdeckung des neuen Planeten mitteilt und dass er ihm den Namen Neptun gegeben hat, gehört zur Akte Neptun. Die öffentlichen Äußerungen von John Herschel, Hind und Challis sind Zeitungsausschnitten entnommen, die der Akte Neptun beiliegen. Airys Korrespondenz mit Challis und Le Verrier ist Bestandteil der Akte Neptun. Hinds Klage über eine Verschwörung in Cambridge, Whites Bemerkung über die »Eingeweihten in Cambridge« sowie Brewsters ähnlich lautende Äußerungen sind nach Smith *(Cambridge Network)* zitiert. Die Beschreibungen der Zusammenkünfte der Royal Astronomical Society basieren auf Berichten von Airy, Challis und Adams, die in den Monatsberichten der RAS erschienen. Airys Korrespondenz mit Sedgwick und Le Verrier gehört zur Akte Neptun, in der sich auch die im *Mechanic's Magazine* vorgetragene Verschwörungstheorie findet.

Kapitel 9: Eine elegante Lösung

Von John Herschels schlafloser Nacht berichtet Smith *(Cambridge Network)*. Sein Brief an den *Guardian* ist nach Zeitungsausschnitten in der Akte Neptun zitiert, und seine Bemerkung, er sei froh, den Neptun nicht bereits durch Zufall in den dreißiger Jahren des Jahrhunderts entdeckt zu haben, stammt aus einem Brief an Wilhelm Struve, den Buttman *(Shadow of the Telescope)* anführt. Die Bemerkung, die Smith zu Airy über die Benennung von Planeten machte, ist nach Jones *(John Couch Adams)* zitiert, Herschels Brief an Sheepshanks, in dem er sagt, der Neptun hätte es verdient, »als waschechter Engländer und in Cambridge zur Welt zu kommen«, nach Smith. Herschels Aufforderung an Sheepshanks, den erhaltenen Brief zu verbrennen, fand sich unter seinen Papieren in der Royal Society. Airys beschwichtigende Korrespondenz mit Challis und Adams gehört zur Akte Neptun. Hansens Ansicht, das Werk von Adams sei mathematisch schöner als das von Le Verrier, findet sich bei Pannekoek *(The Discovery of Neptune)*. Biots Bemerkung über den »begabten jungen Mann« entstammt dem *Journal des Savants* und ist hier nach Grosser zitiert. Die Vorbehalte der Russen gegen den Namen »Le Verrier« für den Neptun und die Begründung, dass dies unfair gegenüber Adams sei, sind durch Challis (»Determination of the orbit of the planet Neptune«) überliefert. Den Ausdruck »anmaßend« verwendete Schumacher in einem Brief an Airy, der sich in der Akte Neptun befindet. Von Adams' Entscheidung, die Ritterwürde abzulehnen, berichtet Harrison *(Voyager)*. Die Kontroverse über die Behauptung von Benjamin Pierce, dass es sich bei der Entdeckung des Neptun nur um einen »glücklichen Zufall« handle, wird von Hubbell und Smith (»Neptune in America«) und Gould *(Report of the History of the Discovery of Neptune)* unter die Lupe genommen. Die Beschreibung der Zusammenkünfte zwischen Adams und Le Verrier stammt von Smart (»John Couch Adams and the Discovery of Neptune«).

Kapitel 10: Im Bann des Neptun

Die Beschreibung des späteren Lebens von Le Verrier ist denselben biografischen Quellen entnommen wie in Kapitel 6, mit zusätzlichem Material über die »peinliche Szene«, das von Dunkin *(Obituary Notices of Astronomers)* stammt; über Le Verriers angebliches Desinteresse an einer direkten Beobachtung des Neptun berichtet Flammarion *(Popular Astronomy)*. Der Bericht über die Suche nach dem Planten Vulkan stammt von Hanson (»Leverrier, the Zenith and Nadir of Newtonian Mechanics«) sowie Sheehan und Baum (»Vulcan Chasers« und *In Search of Planet Vulcan)*. Einzelheiten über Adams' späteres Leben, darunter sein Unvermögen, bei Prüfungen in Cambridge Täuschungsversuche zu unterbinden, sowie seinen Brief an Sidgwick, in dem er seine bevorstehende Heirat erwähnt, finden sich bei Harrison *(Voyager)* und Littman *(Planets Beyond)*. Über Airys weiteres Leben und seine fehlgeschlagenen Mondberechnungen wissen wir von ihm selbst *(Autobiography)* und von Meadows *(The Royal Observatory)*.

Kapitel 11: Schüsse ins Blaue

Le Verriers optimistische Einschätzung, man könne mit der bereits am Neptun bewährten Methode weitere Planeten finden, ist nach seinen *Recherches* zitiert. Die verschiedenen Versuche, Positionen transneptunischer Planeten zu bestimmen, werden detailliert bei Gore *(Astronomical Curiosities)* beschrieben; der Bericht über die Suche nach Pluto stammt von Tombaugh und Moore *(Out of the Darkness)*. Aus einem Interview mit Brian Marsden vom Zentrum für Astrophysik am Harvard-Smithsonian Center für Astrophysik stammen die Informationen über die mit der Zeit immer geringer eingeschätzte Masse des Pluto und die Zweifel an seinem Planetenstatus. Die Frühgeschichte der Suche nach extrasolaren Planeten lieferten Mammana und McCarthy *(Other Suns, Other Worlds?)* sowie Croswell *(Planet Quest)*. Die Beschreibung der Suche nach Planeten in der Region von Barnards Pfeilstern orientiert sich an van de Kamp (»Barnard's Star 1916-1976« und »The Planetary System of Barnard's Star«). Einer der Gründe für das wieder auflebende Interesse am Planet X in den achtziger Jahren des 20. Jahrhunderts war die Feststellung, dass Galileo Galilei den Neptun gesehen, aber für einen Stern gehalten hatte, als er im Dezember 1612 und im Januar 1613 den Jupiter mit dem Fernrohr beobachtete. (Damit war Galileo der erste Mensch, der den Neptun erblickt hat, wenn er auch nicht wusste, was er vor sich hatte; während Adams, der als erster seine Existenz nachwies, ihn dabei aber gar nicht sah.) Standishs Nachweis der Nichtexistenz eines Planet X, basierend auf der genaueren

Massenbestimmung des Neptun durch Voyager 2, wird von Marsden geschildert. Auf einer Feier nach dem Vorbeiflug von Voyager 2 wurde Jurrie van der Woude, ein Mitglied des für den Erkundungssatelliten zuständigen Teams der NASA, von dem britischen Wissenschaftsjournalisten Oliver Morton gefragt, welcher der vier Planeten (Jupiter, Saturn, Uranus und Neptun), den die Sonde besuchte, denn der schönste sei. Ob es vielleicht Jupiter sei, mit seinen gewaltigen Monden und dem großen roten Fleck? »Das ist eine bemalte Hure«, war die Antwort. »Der Neptun ist ein schöner Planet, wie Audrey Hepburn.«

Kapitel 12: Unsichtbare Welten

Die Darstellung der jüngsten Entdeckungen extrasolarer Planeten, darunter des Ypsilon-Andromedae-Systems, die Schilderung der Planetendurchgänge, die Behandlung der Benennungsfrage und die Unterscheidung zwischen kleinen Sternen (Braunen Zwergen) und großen Planeten basiert auf Unterredungen und auf den Briefwechseln mit Didier Queloz, Geoffrey Marcy, Greg Henry, Robert Noyes, Michael Nieto und Brian Marsden. Zusätzliches Material lieferten Mammana und McCarthy (*Other Suns, Other Worlds?*) sowie Croswell (*Planet Quest*). Der Ausblick in die Zukunft der Planetenjagd und die Schilderung der Verwendungsmöglichkeiten der erd- und weltraumgestützten Interferometrie stützt sich auf Gespräche mit Didier Queloz, Michael Shao und Alan Penny. Einige Leser wundern sich vielleicht, warum ich die 1991 gemachte Entdeckung eines Himmelskörpers von Planetenmasse, der einen Pulsar umkreist, nicht erwähnt habe. Der Grund dafür ist, dass solche Objekte (und andere, die man seitdem entdeckt hat) keine echten Planeten sind, da sie ihre Entstehung höchstwahrscheinlich einem bislang unbekannten exotischen Prozess verdanken; sie sind jedenfalls nicht aus einer Scheibe um einen jungen Stern entstanden, was meiner Ansicht nach zur Definition eines Planeten gehört. Das bedeutet, dass Pulsare uns nur sehr wenig Aufschluss über die Planetenbildung und das Planetensystem im Allgemeinen geben können. Der Planet von 51 Pegasi ist also der erste »echte« extrasolare Planet, der bislang entdeckt wurde.

Quellen

Manuskriptsammlungen

Airy, Geogre, »Neptune File«, Archiv des Royal Greenwich Observatory, Universitätsbibliothek, Cambridge.
Herschel, John, Papers, Royal Astronomical Society, London.

Bücher und Aufsätze

Adams, John Couch, »An Explanation of the Observed Irregularities in the Motion of Uranus, on the Hypothesis of a Disturbance Caused by a More Distant Planet; with a Determination of the Mass, Orbit and Position of the Disturbing Body«, *Monthly Notices of the Royal Astronomical Society 7* (1846), S. 149-152.
Adams, W. G. (Hrsg.), *The Scientific Papers of John Couch Adams*, Cambridge 1896.
Airy, George Bidell, »Account of Some Circumstances Historically Connected with the Discovery of the Planet Exterior to Uranus«, *Monthly Notices of the Royal Astronomical Society 7* (1846), S. 121-144.
Airy, Wilfrid (Hrsg.), *Autobiography of Sir George Biddell Airy*, Cambridge 1896.
Alexander, Arthur Francis O'Donel, *The Planet Uranus: A History of Observation, Theory and Discovery*, London 1965.
Arago, Franz (eigentlich: Dominique François Jean), *Sämmtliche Werke*, hg. von W. G. Hankel, 16 Bände, Leipzig 1854-1860.
Ashworth, William, »Herschel, Airy and the State«, *History of Science 36*, Nr. 112 (1998), S. 151-178.
Ball, Robert, *Great Astronomers*, London 1895.
Ball, Walter William Rouse, *A History of the Study of Mathematics at Cambridge*, Cambridge 1889.

Baum, Richard, u. Sheehan, William, *In Search of Planet Vulcan. The Ghost in Newton's Clockwork Universe*, New York 1997.

Bell, E. T., *Men of Mathematics*, New York 1937.

Bessel, Friedrich Wilhelm, *Populäre Vorlesungen über wissenschaftliche Gegenstände*, hg. von H. C. Schumacher, Hamburg 1848.

Buttmann, Günther, *John Herschel: Lebensbild eines Naturforschers*, Stuttgart 1965.

Challis, James, »Account of Observations at the Cambridge Observatory for Detecting the Planet Exterior to Uranus«, *Monthly Notices of the Royal Astronomical Society 7* (1846), S. 145-149.

Challis, James, »Determination of the Orbit of the Planet Neptune«, *Astronomische Nachrichten 596* (1847), S. 309-314.

Chapman, Allan, *Dividing the Circle, The Development of Critical Angular Measurement in Astronomy, 1500-1850*, New York 1990.

Chapman, Allan, »Private Research and Public Duty, George Biddell Airy and the Search for Neptune«, *Journal for the History of Astronomy 19* (1988), S. 121-129.

Clerke, Agnes M., *The Herschels and Modern Astronomy*, London 1895.

Clerke, Agnes M., *Geschichte der Astronomie während des 19. Jahrhunderts*, Berlin 1889.

Croswell, Ken, *Die Jagd nach neuen Planeten, Die Suche nach fernen Sonnensystemen und fremdem Leben* [*Planet Quest, The Epic Discovery of Alien Solar Systems*, San Diego 1997], deutsch von Bernd Seligmann, Bern, München u. Wien 1998.

Cunningham, Clifford J., »The Baron and His Celestial Police«, *Sky and Telescope*, März 1988.

Cunningham, Clifford J., »Giuseppe Piazzi and the Missing Planet«, *Sky and Telescope*, September 1992.

Dreyer, J. L. E., »Historical Note Concerning the Discovery of Neptune«, *Copernicus 2* (1882), S. 63-64.

Dreyer, J. L. E. u. Turner, H. H. (Hrsg.), *History of the Royal Astronomical Society, 1820-1920*, London 1923.

Dunkin, Edwin, *Obituary Notices of Astronomers*, London 1879.

Dunnington, G. Waldo, *Carl Friedrich Gauss, Titan of Science*, New York 1955.

Encyclopædia Britannica, 11. Aufl., Cambridge 1911.

Flammarion, Camille, *Himmels-Kunde für das Volk* [*Astronomie Populaire*], deutsch v. Ed. Balsiger, Neuenburg o. J.

Galle, Johann Gottfried, »Über die Erste Auffindung des Planeten Neptun«, *Copernicus 2* (1882), S. 96-97.

Glaisher, J. W. L., »Biographical Notice of John Couch Adams«, in *The Scientific Papers of John Couch Adams*, Cambridge 1896.

Gloden, Albert, *Le Centenaire de la découverte de Neptune par Le Verrier*, Paris 1947.

Gore, J. Ellard, *Astronomical Curiosities*, London 1909.

Gould, Benjamin Apthorp, *Report on the History of the Discovery of Neptune*, Washington 1850.

Grant, Robert, *History of Physical Astronomy*, London 1852.

Grosser, Morton, *Die Entdeckung des Planeten Neptun* [*The Discovery of Neptune*, Cambridge 1962], deutsch von Jens Peter Kaufmann, Frankfurt a. M. 1970.

Hanson, N., »Le Verrier, the Zenith and Nadir of Newtonian Mechanics«, *Isis 53* (1962), S. 359.

Harrison, H. M., *Voyager in Time and Space, The Life of John Couch Adams, Cambridge Astronomer*, Sussex 1994.

Herrmann, Dieter B., *Geschichte der Astronomie von Herschel bis Hertzsprung*, Berlin 1975.

Herschel, John, *Outlines of Astronomy*, London 1850.

Herschel, Wilhelm, »Account of a Comet«, *Philosophical Transactions of the Royal Society 71* (1781), S. 492-501.

Holden, Edward Singleton, *Sir William Herschel, His Life and Works*, London 1881.

Hubbell, John G., u. Smith, Robert W., »Neptune in America«, *Journal for the History of Astronomy 23* (1992).

Hyman, Anthony, *Charles Babbage, 1791-1871 Philosoph, Mathematiker*, Stuttgart 1987.

Institut de France, *Centenaire de la naissance de Urbain Jean-Joseph Le Verrier*, Paris 1911.

Jackson, J., »The Discovery of Neptune, A Defence of Challis«, *Monthly Notices of the Royal Astronomical Society of South Africa 8* (1949), S. 88-89.

Jones, Harold Spencer, *John Couch Adams and the Discovery of Neptune*, Cambridge 1947.

Kowal, Charles T., u. Drake, Stillman, »Galileo's Observations of Neptune«, *Schientific American* (Dezember 1980).

Langley, Samuel Pierpont, *The New Astronomy*, Boston 1888.

Le Verrier, Urbain Jean-Joseph, *Recherches sur les Mouvements de la Planète Herschel, dite Uranus*, Paris 1846.

Littlewood, J. E., *A Mathematician's Miscellany*, London 1953.

Littman, Mark, *Planets Beyond*, New York 1988.

Lubbock, Constance A. (Hrsg.), *The Herschel Chronicle, The Life-Story of William Herschel and His Sister, Caroline Herschel*, New York 1933.

Macpherson, Hector, *Makers of Astronomy*, Oxford 1933.

Mädler, Heinrich von, *Populäre Astronomie*, Berlin 1841.

Mammana, D. L. u. McCarthy, D. W. Jr., *Other Suns, Other Worlds?*, New York 1996.

Maunder, E. Walter, *The Royal Observatory Greenwich*, London 1900.

McCrea, William Hunter, *The Royal Greenwich Observatory, An Historical Review Issued on the Occasion of Its Tercentenary*, London 1975.

Meadows, A. J., *The Royal Observatory at Greenwich and Herstmonceux, 1675-1975*, Bd. 2, *Recent History (1836-1975)*, London 1975.

Mitton, Jacqueline, *Dictionary of Astronomy*, London 1998.

Moore, Patrick, *The Planet Neptune, An Historical Survey Before Voyager*, Chichester 1996.

Moore, Patrick, *Wilhelm Herschel, Astronomer and Musician of 19 New King Street, Bath*, Sidcup 1981.

Nicol, J. P. *The Planet Neptune, an Exposition and History*, Edinburgh, 1848.

Nieto, Michael Martin, *The Titius-Bode Law of Planetary Distances*, New York 1972.

»Obituary of Urbain Le Verrier«, In *Report of the Council to the 58th Annual General Meeting, Monthly Notices of the Royal Astronomical Society 38* (1878), S. 155-166.

Pannekoek, A., »The Discovery of Neptune«, *Centaurus 3* (1953), S. 126-137.

Planche, J. R., *The New Planet, or Harlequin out of Place, an Extravaganza in One Act*, London 1847.

Porter, Roy (Hrsg.), *Hutchinson Dictionary of Scientific Biography*, Oxford 1994.

Schaffer, Simon, »Uranus and Herschel's Astronomy«, *Journal for the History of Astronomy 12* (1981).

Sheehan, William, u. Baum, Richard, »Vulcan Chasers«, *Astronomy* (Dezember 1997).

Sidgwick, J.B., *Wilhelm Herschel, Explorer of the Heavens*, London 1953.

Smart, W. M., »John Couch Adams and the discovery of Neptune«, *Occasional Notes of the Royal Astronomical Society 11*, Nr. 2 (1947), S. 33-88.

Smith, Robert W., »The Cambridge Network in Action, The Discovery of Neptune«, *Isis* (1989), S. 395-422.

Teets, Donald, u. Whitehead, Karen, »The Discovery of Ceres, How Gauss Became Famous«, *Mathematics Magazine* (April 1999).

»The Telescopic Discovery of Neptune«, *Journal of the British Astronomical Association 61* (1951), S. 166.

Tombaugh, Clyde W., u. Moore, Patrick, *Out of the Darkness, The Planet Pluto*, Harrisburg, Penn., 1980.

Turner, Herbert Hall, »Obituary Notice of Johann Gottfried Galle«, *Monthly Notices of the Royal Astronomical Society 71* (1911), S. 275-281.

van de Kamp, Peter, »Barnard's Star, 1916-1976, A Sexagintennial Report«, *Vistas in Astronomy 20* (1977), S. 501.

van de Kamp, Peter, »The Planetary System of Barnad's Star«, *Vistas in Astronomy 26* (1983), S. 141.

von Zach, Franz Xaver, »Über den neuen Hauptplaneten«, *Monatliche Correspondenz zur Beförderung der Erd- und Himmels-Kunde 3* (1801), S. 592-623.

Wattenberg, Diedrich, *Johann Gottfried Galle, Leben und Wirken eines Deutschen Astronomen*, Leipzig 1963.

Zeitschriften

Athenaeum (London): 3., 15., 17. Oktober, 21. November 1846; 20. Februar 1847.

Illustrated London News (London): 10., 24. Oktorber 1846; 2. Januar 1847.

Scientific American (New York): 21. November, 19. Dezember 1846; 20. Februar, 20. März, 27. März, 22. Mai, 12. Juni 1847.

Sidereal Messenger (Cincinnati): Dezember 1846; Januar 1847.

Times (London): 26., 31. Januar, 3., 6., 7., 13., 16., 24. Februar, 14. Mai, 1. Oktober 1846; 15. März 1847.

Personenregister

Die *kursiv* gesetzten Seitenzahlen verweisen auf Abbildungen.

Sachregister

Bildnachweis